核心素养·名师课堂

玩游戏，学数学

Wan Youxi， Xue Shuxue

王志江 著

U0216269

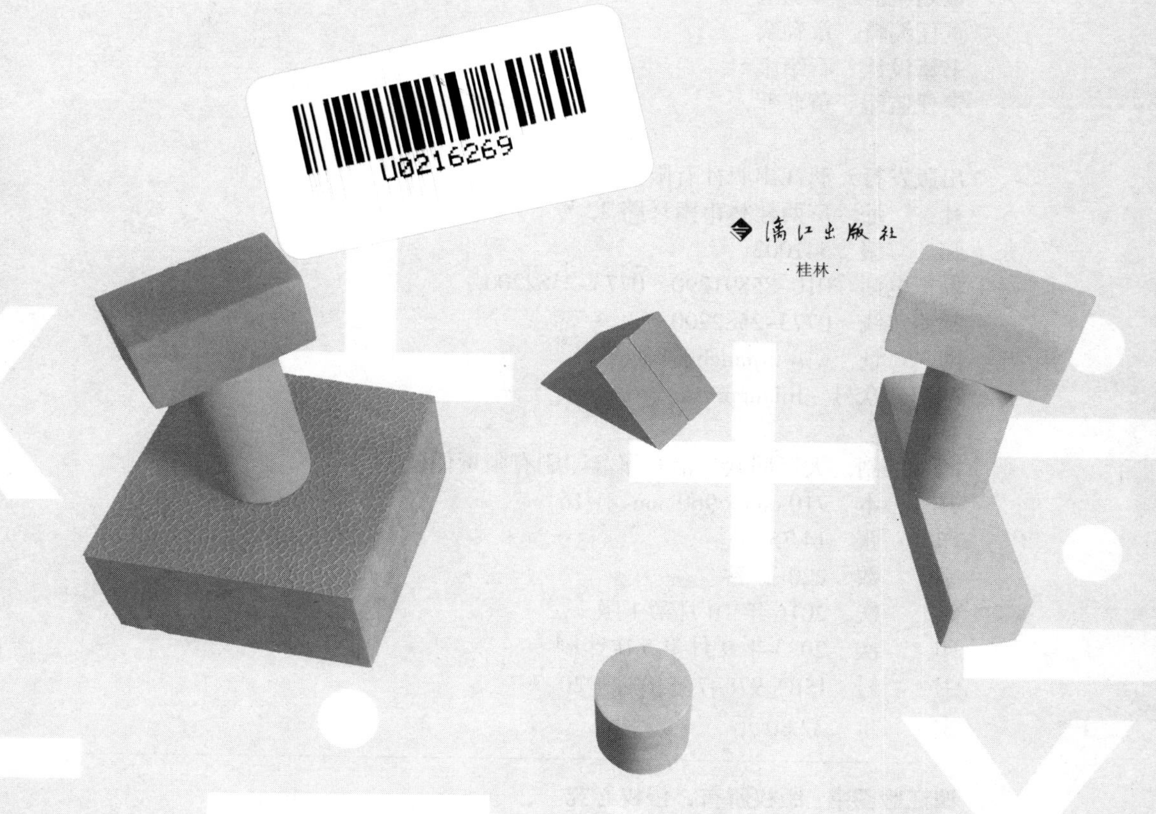

漓江出版社
·桂林·

图书在版编目（CIP）数据

玩游戏，学数学 / 王志江著 . —桂林：漓江出版社，2016.10（2023.9 重印）
ISBN 978-7-5407-7920-7

Ⅰ. ①玩… Ⅱ. ①王… Ⅲ. ①数学—儿童读物 Ⅳ. ① O1-49

中国版本图书馆 CIP 数据核字（2016）第 227633 号

玩游戏，学数学

作　　者　王志江

出 版 人　刘迪才
策划组稿　文龙玉
责任编辑　章勤璐
书籍设计　石绍康
责任监印　黄菲菲

出版发行　漓江出版社有限公司
社　　址　广西桂林市南环路 22 号
邮　　编　541002
发行电话　010-85891290　0773-2582200
邮购热线　0773-2582200
网　　址　www.lijiangbooks.com
微信公众号　lijiangpress

印　　制　大厂回族自治县聚鑫印刷有限责任公司
开　　本　710 mm × 960 mm　1/16
印　　张　14.75
字　　数　220 千字
版　　次　2016 年 10 月第 1 版
印　　次　2023 年 9 月第 5 次印刷
书　　号　ISBN 978-7-5407-7920-7
定　　价　32.80 元

漓江版图书：版权所有，侵权必究
漓江版图书：如有印装质量问题，请与当地图书销售部门联系调换

目　录

第三章　6—12 岁阶段的几何游戏

第四章　6—12 岁阶段的算术游戏

第五章　创造数学，发明数学

前　言

“好玩”是儿童学习数学的最大动力

（一）源起

人到中年，有些问题随着岁月的流逝逐步变得清晰起来，而另一些问题却始终萦绕在心间脑际，挥之不去。比如：数学的本质到底是什么？我们的数学基础教育，真的如同国际数学奥林匹克竞赛所展现出来的那般独领风骚、一骑绝尘吗？会不会是我们的思维起点和推理逻辑本身就存在着严重的问题，以至于数学教育问题的严重性，被深深地掩盖且久久不见天日呢？上小学之前，真的需要上“幼升小”数学衔接班吗？乘法表难道只能通过痛苦万分的死记硬背，才能记住吗？加减乘除以及四则混合运算，难道只能通过机械重复的题海战术，才能奏效吗？儿童学习数学，难道只是为了跟它结下永世难解的“血海深仇”吗？……

有时候，我会一遍一遍、痛苦且无比焦灼地回顾我自己所经历的数学教育历程：小时候，一方面受困于贫穷，一方面又在自由且野蛮地生长，不提也罢；中学时代，数学成绩莫名其妙的好，却悄悄地喜欢上诗歌，并偷偷地仿写长短句，但是，成为诗人的隐秘渴望终究还是被掐灭在了萌芽之中！高中毕业时，老师说，如果你报考数学系，回县一中任教的可能性就比较大，于是……工作之后，教学成绩还不错，并因此受到“重用”，可自己内心深处却长期潜藏着深深的不安，所以，总是试图突破、改变……

直至今天，特别是成为父亲之后（儿子今年7岁），我越来越深刻地认识到以下两点：

第一，世人对数学的误解实在太深了！通常，人们总是坚定不移地相信数学可以最精确、最简洁，甚至最具美感地刻画这个世界的本质，但是，事情的真相果真如此吗？面对纷繁复杂、多姿多彩的世界，数学的眼光其实不过是千千万万个一孔之见中的“一孔”“一见”而已！数学可以从数与形的角度丰富人类对于这个世界的阐释和理解，借助数学思维游戏，人类向外可以朝向更为广阔的宇宙星空，向内可以获得更为独立的人格和更为自由的精神，与此同时，数学永远不应该成为桎梏人类心灵自由的枷锁和牢笼！

第二，相对于世人对于数学本身的误解而言，今人对于数学教育的误解要更深、更严重、更惨烈，且几乎始终处于麻木不仁的“温水”中！成人，几乎是不问青红皂白地试图以最高效、最精确的方式，将所谓的数学知识一股脑地倾倒给儿童，而且，一次不行，就反复十次，十次不行，就反复百次……我们从不追问这些奇奇怪怪的数学玩意儿，到底是从哪里冒出来的呢？儿童当下的生命，到底与这些玩意儿有何关系呢？如果它们只不过是儿童眼中的“小魔怪”，那么，还有什么比天天逼着儿童必须与小魔怪“友好相处”的行径更为残忍和愚蠢的呢？

是的，在一片荒芜之地，我们总该创造出点什么吧。

（二）关于数学教学模式

最近几年，我不断接到一些学前和小学生家长的留言（或者当面询问）：“我的孩子3岁了，挺聪明的，我是不是应该开始教他学点数学呢？”“我的孩子马上就要上小学了，我不得不开始教他学习加减乘除，可是，他不爱学，越教越不爱学，我也教得非常恼火，该怎么办呢？”“我的孩子刚上一年级，每天晚上都有一页口算题，孩子总是无法全对，我是又急又气又没辙，这才刚上一年级，以后可怎么办啊？”……问题很多，但核心问题就一个：我该用什么办法，让孩子快乐且高效地学习数学呢？

其实，一套好的教学办法，往往意味着一个行之有效的“教学模式”。不过，“模式”在近些年并不是一个特别招人喜欢的词（虽然总是身披华丽的改革外衣受到众人的热捧），因为它容易让人联想起僵化、刻板、非人性等等。的确，一旦提起“模式”，人们的第一反应，往往就是“大厂房里的流水线”，起点在哪里——什么时候开始教什么内容？过程怎样操作——怎样才能确保儿童愿意学习，并且愿意反复练习，直至获得唯一标准的答案？结果怎样——通过什么办法，才能准确地检测出儿童的数学水平领先于其他同龄儿童？总之，这是一套程序，目标是简洁、高效、精确、易于模仿和推广。然而，任何模式的两端，都立着一个“人”，一端是家长或老师——试图有效控制模式的人；另一端是儿童——天性喜欢自由自在的玩乐，但又在无意识中，或主动或被动地试图很好地遵守父母和老师所设定的模式，并因此而被夸赞为“好孩子”的人。

在当下的社会舆论中，只要能够用一套行之有效的“模式”，让自己的孩子，学会其他同龄孩子还没有掌握的知识，家长就总是优秀的、智慧的、受人羡慕的，即便是虎妈、狼爸也照样受人追捧。然而，稍显麻烦的是，人从来不是，也永远不可能是纯粹的机器，而是活泼泼的存在。人类看上去总是在追求简洁、高效、确定性，但是，人之所以或主动或被动地如此追求，正是因为生命本身是复杂的、低效的，总是面临着无限的可能性，而且根本不可能被某个模式彻底塑造成一个僵化的器具。所以，不管多么神奇的模式，永远只能是手段，而非目的。

换一种说法就是：怎么教（包括怎么学）不是不重要，而是它永远只能是次要的手段；教什么和学什么，显然比怎么教更为重要，但是它仍然不是最终的目的；最重要、最终极的目的只能是而且必须是：你想把自己的孩子培养成什么样的人？你的孩子希望自己在未来时代，成为一个什么样的人？而我们的教育恰好能够助他一臂之力，为他提供必不可少的支持和源源不绝的动力。你的孩子不仅能够很好地适应未来的时代，而且还能以自己的创造力改良社会，并促进整个时代朝向更加美好的未来；你的孩子不仅充满理性，而且情感丰沛、心灵丰盈；你的孩子不仅有能力创造快乐、幸福的生活，而且人格独立、精神自由。

所以，《玩游戏，学数学》这本书，既给出了一个模式，又没有而且也根本没有办法给出一个确定的、适合所有人的模式。前者表明，无论如何，我的确提供了一系列数学游戏，而且还相应地提供了较为详尽的游戏过程记录，读者不仅可以反复揣摩潜藏在这些对话背后的心理学和教育学原理，甚至可以直接模仿着，跟自己的孩子玩一玩这些有趣的游戏；后者表明，读者基本上不可能从我提供的游戏过程记录中，迅速找到一个可以包治百病的“模式”，因为我提出的问题，总是根据儿童的即时表现灵活变换的，而不是严格按照事先预定的问题展开的（很多时候，我其实并没有预设问题）。所以，我有必要在此提醒家长和老师们，阅读本书最好的办法就是，尽可能地理解我讲述的，与当下盛行的数学教育不同的“道理”，然后，带着游戏的心态，与自己的孩子尽情地玩游戏——甚至可以把“学数学”暂时忘掉，对于儿童来说，首先是“好玩儿”，只要好玩儿，啥难题都能迎刃而解；一旦不好玩儿，结果就会很悲催了。

（三）“好玩”是儿童学习数学的最大动力

数学能“好玩儿”？不是痴人说梦吧？在我们的文化传统中，“书山有路勤为径，学海无涯苦作舟”，不管是过去还是当下，这都是读书人的至理名言啊！不过，随着社会的发展与进步，特别是中国特有的独生子女现象，使得越来越多的家长开始对曾经备受推崇的“名言”产生了些许怀疑。至少从某个层面讲，年轻的家长们虽然不希望自己的宝贝儿“输在起跑线上”，但是，他们也不希望子女学得太过辛苦，太过遭罪。于是，各种矛盾、困惑、纠结，以前所未有的速度汇聚、发酵、膨胀……孩子的教育问题甚至上升为家庭乃至国家的头等大事！

事实上，“名言”当然不会轻易失效，关键是什么样的人，才能做到苦中作乐呢？想必只有那些拥有明确的目标、坚定的信念、超强的毅力的人中豪杰吧，否则，怎么可能从“苦”中品尝到“乐”呢？著名的 NBA 球星科比 · 布莱恩特每天在艰苦的训练之后，还要单独加练上千次的投篮，其中的苦与累岂是常人所能想象的，但是，因为心中

藏着一个伟大的“冠军梦”，所以，苦不苦，累不累，只不过是外人的谈资而已，对于科比而言，看似机械苦累的上千次投篮加练，恰恰是最有意义的事儿，甚至是倾心所愿的最最快乐的事儿。然而，试想让一个刚刚接触篮球的 8 岁儿童，每天投篮 100 次（还不用说上千次），结局会怎样？

对儿童提倡“苦中作乐”，本质上是违背儿童天性的。但是，我并不是说低龄儿童不能学习数学，恰恰相反，不仅是学龄前儿童，甚至是 1 岁左右的婴幼儿都可以学习数学。只不过，他们只能学习符合他们天性和内在认知规律的数学，而绝对不是成人试图强加给他们的课本中的数学，成人自己眼中的数学。

举个例子来说吧，部分儿童在 4 岁左右（甚至更早）已经可以熟练且准确地从 1 数到 100 了，但是，如果妈妈把 16 块糖平均分成两行（每行 8 块），第一行糖相互之间的间距比较大，而第二行间距较小，让儿童挑选他想要的糖果，儿童会选哪一行？如下图所示：

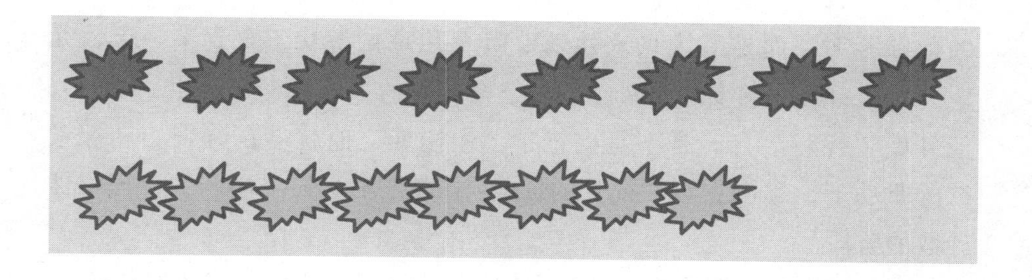

这个实验简单易行，随时随地都可以做，而且，实验结果的“一致性”简直令成人无法想象，四五岁的儿童几乎都会选择第一行！更为神奇的是，如果第一行只有 7 块糖，但是由于间距比较大，看上去比第二行还要“长”一些，儿童依然会选择第一行糖。这在成人看来简直是不可思议的，但是对于儿童来说却非常正常——儿童自有他们自己的内在逻辑和判断标准。简单来说就是，对于小于 6 岁的儿童来说，他们判断“多”与“少”的标准，并非是成人习以为常的数学逻辑——$n+1>n$（这里表现为 $8>7$），而是“长”一些就意味着“多”一些；反之，“短”一些也就意味着“少”一些！是的，儿童最初判断“多少”的依据绝对不是“n+1>n”式的数理逻辑，而是视知觉的直观感知，他们的判断工具是眼睛，而不是大脑！早期教育的目的，就是为了协助儿童立足于视知觉，同时又要不断克服视知觉的局限和桎梏，建构由“大脑做主”的内在逻辑思维能力。换句话说，儿童的逻辑思维能力不是在某个时刻“突然涌现”的，它是适应教育的结果。

现在的问题是，如果早期幼儿教育不能以数理逻辑为工具，那么，应该以什么为工具呢？仍然拿前面那个“挑选糖果”的例子来说，家长暗自神伤，认为自己的孩子“太愚蠢”有用吗？不仅无用，而且只能说明自己家教观念有问题。把标准答案直接灌输给儿童有用吗？当然无用！甚至，当你引导儿童“一一点数”，以表明两行糖果同样多，甚至那行看上去长一些的糖果还要少一块时，儿童仍然会按照自己的意愿去选择。因为对于儿童来说，8>7（数理逻辑）对于他们而言是无意义的，他们当下的内在认知发展水平，清楚明白地告诉他们：“长”一些就肯定“多”一些，这才是“真正的意义”。那么，家长和老师还需不需要教育儿童呢？需要，当然需要！不过，不是教授自己脑海中的标准答案，而是继续兴致勃勃地陪着儿童做游戏，直到某一天，儿童会对比自己大两岁的哥哥“总是选择较少的那一堆糖”产生“疑惑”，他开始“怀疑”自己是不是搞错了。慢慢地，他就会在好奇心和探索欲的驱动下，逐步克服“视觉的影响”，真正步入一个崭新的、理解性计数的阶段。

从数学史的发展来看，这样的现象也是显而易见。一个数学观念一旦被创造和发明出来，它并非是一个绝对静止的“真理”，而是在历史的长河中，持续发展和壮大，不过，推动其继续茁壮成长的，其实并非全是数学逻辑的功劳。我们可以依据数学逻辑，迅速判定命题“$\pi > 3$”（π 是圆周率）是一个真命题，然而，人类生存的真实情形却要复杂得多。

人类总是试图将自己内在的观念作用于外在的生活世界，也许是解决一个原来无法解决的生活问题（比如分配、计数、测量等），也许是重新解释或阐释某类生活现象，并以此获得对于生活世界更加丰富的理解。在这个数学观念发挥作用的过程中，有时候，原有观念很锋

利，所到之处，问题迎刃而解；但是对于那些最敏感、最聪明的数学家而言，他们往往会深切地感到自己的“观念之刀”有时很“愚钝”，甚至完全无效，于是，他们就会寻求与同时代（或过去）的伟大人物进行深刻的对话，然后主动地调整和重组自己原来的观念，从而发明和创造出新观念。数学家推动自身观念从简单到复杂、从低级到高级的原动力，正是“意义逻辑”。对于儿童来说，“8＞7”就是“数理逻辑”；为了得到更多的糖而尝试克服视觉局限，从而产生新观念的背后动力，就是“意义逻辑”；推动儿童认知能力发展的“真正动力”正是意义逻辑，而不是数理逻辑。很多家长只知道在“数理逻辑”上狠下“苦功夫”，结果是，功夫越深，其家庭教育的状况就越惨烈。

真正的快乐，只能诞生于意义和意义感，对于儿童来说，有意义，往往就是快乐本身。当我们用最贴近于儿童生命本质的方式，与儿童一起玩游戏，学数学，不知不觉中，儿童就会快乐地成长，儿童头脑中的数学观念，也会快乐地生长。一句话，儿童的数理逻辑思维是在漫长的岁月中逐步长成一棵参天大树的，基于视知觉的、好玩的游戏中所蕴含的“动作逻辑”是其生长的起点，就像种子是大树的起点一样；外在的“动作逻辑”正是在“意义逻辑”的持续推动下（这需要父母和教师的精心陪伴和协助，就如同种子的生长需要土壤和阳光雨露一样），逐步内化为儿童大脑中形式化的数理逻辑思维的。

本书最突出的特色就是：对基础数学教育中的常见知识，结合大量的游戏活动，进行了较为详尽和深入的“发生学分析”——每一个数学知识点是怎样从“种子”的形态一步一步变成我们所熟知的模样的。这也就是为什么本书不仅适合父母、幼儿教师、小学数学教师阅读，而且也非常适合初高中数学教师、师范大学数学系的学生阅读的原因（包括所有对基础数学教育感兴趣的有识之士）。

最后需要特别说明的是，这本书原本只是一篇博士论文的初稿。最近几年，本人一直在坚持不懈地阅读哲学、心理学、教育学等经典著作，瑞士著名认知心理学家皮亚杰和苏联著名认知心理学家维果斯基对我的影响最为深远。平时，我跟儿子（书中的小瀚）一起玩了很多皮亚杰式的数学游戏，偶尔也会在网络上分享一两篇游戏实录，没想到居然受到很多家长和同仁的认同，大家于是鼓动我干脆写本书，书名都已经帮我想好了，即《玩游戏，学数学》。

正当我犹豫不决之时，中国少年儿童出版社的资深编辑薛晓哲先生找到我说："志江，出吧，写成科普读物，就当是普及一下数学和心理学知识。"当时一听，"使命感"就涌了上来，满口答应了下来。

于是，我很快从博士论文中选取了一小部分加以充实和通俗化改写，并迅速形成初稿传给了晓哲先生，结果却被他批得体无完肤、惨不忍睹，一句话：科普读物必须通俗易懂，必须说"老百姓的话"。说实话，我一听就傻了眼，皮亚杰的理论本就艰深晦涩，读懂不易，再加上还不得不涉及维果斯基、布鲁纳，以及相关的许多哲学难题，要想通俗易懂，岂不是比登天还难吗？！我甚至有了"打退堂鼓"的想法，但是，晓哲先生以他精深的专业精神深深地打动了我，终使我欲罢不能，并下定决心迎难而上。他说："让懂的人没看懂，那是解决了科学前沿问题的高水平的论文。让不懂的人看懂了，那是有深厚学养的人写的高水平的科普。要么前者，要么后者，二者没有高下之分，都是有学问的人。问题是大多数人都在中间地带游走……"是啊，我能在多大程度上摆脱"中间地带"的魔咒呢？

接下来的日子，我除了自己一遍又一遍地修改调整，还专门邀请赵俊杰、张春燕等老师先行"试读"，他们提出了许多非常好的建议。另外，我爱人张和威老师也伴随着我的写作过程一直在不间断地阅读，并且随时跟我交流她阅读时碰到的"障碍"和心得体会，修改工作也因此有了更强的针对性。再后来，晓哲先生由于工作变动（本书中的多数照片，都由晓哲先生亲自操刀完成），责任编辑变成了漓江出版社的文龙玉老师，文老师再次以专业的视角提出了许多非常宝贵的建议。在此，请允许我向两位老师和各位亲友表达最诚挚的谢意！

不无遗憾的是，由于时间仓促，不足与错漏之处肯定不少，恳请各位方家批评指正。

第一章

“玩游戏，学数学”的科学依据

第一节 “玩游戏，学数学”背后的教育原理

在前言中，我讲到儿童学习数学的动力不是“数理逻辑”，而是“意义逻辑”。通俗地讲，就是要让儿童感受到，学习数学其实是一件非常非常好玩的事情。但是，作为家长和老师，如何才能做到这一点呢？这显然又是一个值得我们继续深入讨论的问题。

传统数学教材的内容编排，把结构严谨的数学知识体系，视为客观存在的绝对真理，“脚手架”——数学家当年创造数学、发明数学的历程和足迹——早已被拆除得干干净净，富丽堂皇的数学大厦巍然屹立，没有人去追问数学家到底是怎样发明创造了这一切，有“信”（“迷信”数学）的人只顾顶礼膜拜，无“信”的人却又把数学看得一文不值。总之，仿佛数学不是人类自身的创造物，而是自然世界中客观存在的实体，要么被视为最平淡无奇的山间石子，要么被视为最高贵华美的钻石。

这样的观念在基础数学教育领域，有着广泛而深入的影响，一个最直接的表现就是将数学知识视为“桶装水”，教学目标就是快速、高效地把“水”直接“灌进”儿童的大脑。若干年过去了，成人却开始责怪青年人越来越没有创造性，问题是，日复一日、年复一年地机械接受来自外在的“桶装水”式的学习活动，需要创造力吗?！能够培养创造力吗?！如果我们的教育，根本就不是着眼于培养儿童的创造性，我们凭什么在未来的某一天，要求年轻人展示他们的创造性呢?！他们缺乏创造性的罪魁祸首，难道不正是我们成人吗?！

诚然，对于当下来说，数学教材（或由数学符号系统构成的庞大数学知识系统）已经存在着，它自然具有一定的客观性。但是，它的客观性，并不等同于天然钻石或普通石子的客观性，因为，它是历史

上伟大的数学家创造的、发明的。正如人类千百万年以来不停追问“宇宙的本源”，却至今仍无答案（只有“假说”）一样，对于数学知识之本源的说法，也是莫衷一是。不过，哲学家和心理学家已经可以达成如下共识：数学既不源于纯粹的客体，也不源于纯粹的主体，而是主客交互的产物；而且，越是年幼的儿童，这种交互性表现得越为外显，且可以直接观察到；随着儿童年龄的增加，特别是认知水平的不断发展，“交互性”越来越表现为“内在的思维活动”。对于年幼儿童来说，所谓“交互性”，其实就是“游戏”——对于儿童来说，最有效的数学学习方式，既不是直接与教材中的例习题“交互”，也不是直接与父母老师的语言教导“交互”，而是在有趣好玩的数学游戏活动中直接与游戏本身“交互”。

所以，父母或老师首先需要意识到：儿童最最需要的是有趣好玩的游戏，而绝不是面目可憎的数学教材和习题集。然而，有些父母却跟我抱怨说，他们的儿子（4岁左右）在玩数学游戏时，一开始表现出兴致盎然的样子，但是很快就厌烦了，不愿意玩了，再后来，一提到数学游戏简直就会心生恐惧。还有些女孩的家长说：我女儿可以没完没了地听故事，但是一提起数学游戏就“头疼”，看来女孩真是“天生讨厌数学”啊！之所以造成这种局面，在我看来，肯定不是数学游戏的错，也不可能是儿童的错，更不可能是“女孩天生讨厌数学”。

毫无疑问，儿童天生就充满了好奇心，通过游戏，他们的好奇心可以得到最大程度的满足，这种“满足”首先是情绪或情感上的，而认知或思维的发展是第二位的。换句话说，对于儿童而言，情绪或情感上的满足，必然能够带来认知或思维能力的发展；而如果“直奔主题”——具体数学知识的学习，在儿童没有发现成人的意图时，他们仍然可以当作纯粹的游戏去玩，但是，一旦他们敏感地“识破”了成人的“鬼把戏”之后，“游戏”活动也就不得不提前终止了。

具体数学知识的学习，会不可避免地涉及“逻辑问题”，而儿童（特别是低龄儿童）的思维发展水平，还不足以应对“逻辑问题”，这种状况会使儿童在无意识中，排斥显性的数学知识学习。当然，这并不是说儿童天生不喜欢数学，恰恰相反，儿童总是非常喜欢好玩儿的数学游戏——他们只是不喜欢成人眼中的、逻辑化的数学。在具有操作性的、直观具体的、互动式的、有趣好玩儿的数学游戏中，一切都是以"意义逻辑"的方式，与儿童当下的生命直接打通的，数理逻辑还"深埋"在土壤之中，只要我们有耐心，它就会以自己的节奏，慢慢地、自然地生长。

本书所提供的数学游戏，并非是我个人的生编硬造，多数源于瑞士著名心理学家皮亚杰的实验。皮亚杰终生聚焦于儿童认知结构的发生与发展，研究生涯长达六十余年，可谓著作等身。不用说一般的父母或教师，即便是专业的研究人员，彻底研透其庞大的理论系统也绝非易事。本人也是在以下三个方面有所探索：

首先，对皮亚杰的实验进行系统整理和分类。皮亚杰虽然留下了许多著名的经典实验（如"三山实验"等），但是，由于其研究生涯跨度太大，加之中文译本只是其著作中的一部分，所以，对于一般读者而言，实验的系统性略显不足。本人整理和编创添加的全部"游戏"分为两大类，第一类是算术游戏，第二类是几何游戏。算术游戏又分为3—6岁（介于2岁以上与6岁之间）的"前算术游戏"（第二章）和6—12岁（介于5岁以上与12岁之间）的"算术游戏"（第四章），几何游戏又分为3—6岁的"表象性几何游戏"（第二章）和6—12岁的"前欧几里得几何游戏"（第三章）。这样的分类，不仅可以较好地呈现不同游戏之间的内在逻辑关系，而且可以使读者在较短时间内，从整体上把握数学游戏活动与儿童内在认知发展水平之间的交互关系。不过，由于儿童认知发展的复杂性，这里的阶段划分并不是线性的，而是存在着交叉重叠的模糊地带——3—6岁阶段和6—12岁阶段都包含了已过5岁生日但未过6岁生日的儿童。

其次，我对这些游戏持有的态度与皮亚杰有很大的不同。这其中涉及皮亚杰、维果斯基、布鲁纳等人的心理学、教育学背景，请容我简述。由于皮亚杰坚持"学习从属于发展"的观点，也就是说，只有等到儿童的认知发展水平抵达某个层次，儿童才可以开始学习相应的内容，比如，他坚持只有当儿童理解了子类（苹果类、梨子类等）与类（水果类）的包含关系之后，才可以开始学习形如"2+3=5"的算术

加法。所以，他在实验（他所谓的"临床法诊断活动"）过程中基本是以一个"旁观者"或者"消极的对话者"的角色出现的，他几乎不关心"如何通过启发引导，更好地促进儿童的认知发展"，因为他的目标只是"真实地描述、评价和刻画"儿童当下的认知发展水平。仅就他的研究目标本身而言，他的研究方法自然没有问题，但是，从教育的角度来说，了解一个儿童的认知发展水平，正是为了通过教育活动更好地促进儿童的认知发展。所以，皮亚杰的研究倾向招致了很多人的批评，其中就包括苏联著名心理学家维果斯基。维果斯基是在尖锐批判皮亚杰的基础上，提出自己的学术主张的，他特别关注"外部文化因素对儿童思维发展的影响"，主张"学习引导发展"。也就是说，教育应该走在儿童认知发展的前面，只有通过适当的教育手段和策略，才能促进儿童更好地发展。

美国著名心理学家、教育家布鲁纳早期是皮亚杰忠实的追随者，而晚期，他却深受维果斯基的影响，所以，他对两位认知心理学大师的主要观点进行了适当的"整合"——充分吸纳了皮亚杰观念之后的"新维果斯基式观念"。我所秉持的正是布鲁纳晚期的观点：皮亚杰的"学习从属于发展"是设计数学游戏（或课堂对话）的前提和基础——真正了解和准确把握儿童当下的认知发展水平，从而为数学教学活动确定科学的起点；维果斯基的"学习引导发展"则可以有效彰显游戏活动（或课堂对话）真正的教育艺术和魅力——通过适当的教学活动，让儿童达到他们独自无法抵达的新水平。因此，在游戏过程中，我适当增加了具有启发性和引导性的问题。当然，这种做法势必会增加儿童的认知困难和学习负担，这就会涉及维果斯基的"最近发展区"理论，我再稍作解释。

维果斯基认为，如果儿童当下的认知发展水平已经达到了 A，他通过独立思考、独自努力能够抵达一个略高于 A 的认知发展水平 B，再通过富有启发性和引导性的课堂对话，能够达到一个他无法独自抵达的更高的水平 C，那么，区域 C 与 B 之间的差异，就对应着一个可能性的发展区域，即儿童认知发展的"最近发展区"。最近发展区是教育活动最有可能大有作为的区域，也是教育价值得以真正体现的区域。

当我遵从这个原则跟儿童做数学游戏时，很多时候都能取得令人非常吃惊的教育效果。例如，通过玩各种数学游戏（我只是提出各种问题，而从未直接告诉他任何课本上的数学事实，更没有进行过任何强化训练），刚刚6岁的小瀚（小学还未入学）已经可以比较准确地进行20以内的加减法运算了；而运用同样的游戏提问法，刚刚升入三年级的小浩，在短短两个小时之内居然把从长方形到三角形、平行四边形、梯形、任意多边形、圆的周长和面积等一系列数学公式，全部“推导”出来了！儿童在适宜的游戏活动中，可以爆发出惊人的创造力！

不过，“最近发展区”并不是一个容易领会的观念，在具体的游戏过程中，也几乎无人可以时时刻刻“准确无误”地把握这个区域，稍微不注意，就可能把好玩的游戏，演变为令儿童讨厌的“灌输”，或者变成典型的“少慢差费”的低效学习。我本人在跟小瀚（刚满6岁）做游戏的时候，也会偶尔出现如下状况：“爸爸，你不要问我啦，你直接告诉我答案吧。”“这个游戏不好玩，我不想玩了。”……所以，我没有办法给出一劳永逸的“灵丹妙药”，而只能提几点原则性的建议：第一，必须以游戏的心态跟儿童一起玩游戏，认知目的必须不打折扣地退居次席；第二，一旦儿童有了“为难情绪”，就必须立即调整游戏的节奏；第三，一旦调整无效，就必须马上终止游戏；第四，寻找适当的时机，继续饶有兴致地跟儿童玩游戏，有些游戏可以多次重复玩儿。

最后，我在描述游戏活动的过程中，试图尽力表现数学观念的“生长性”。数学观念其实极像一粒种子，伴随着儿童的生命成长，它也在儿童的大脑中活泼泼地生长着。所以，同一个数学游戏，我一般会找到三个年龄分别相差大约一岁的儿童参与，横向来看，几个同龄儿童面对相同的问题，表现出明显的差异；纵向来看，就可以清晰地看到，同一数学观念在不同年龄段活泼泼地生长的过程。稍显遗憾的是，由于每个儿童的成长环境并不相同，所以，由此观察到的数学观念的生长性，难免具有某种“误差”。如果能够在三年之内深入观察同一批儿童，可能会别有一番味道。

总之，儿童的认知发展是从低级到高级、从简单到复杂、从无意识到有意识逐步发生发展的，越是在低段，他们越是需要父母和老师

在游戏活动中，给予科学的引导和协助。

最后，需要着重强调的是：这里提及的各种“游戏”绝不是传统意义上的重新编纂一本供父母或老师教化儿童的教材，而仅仅是提供一条线索。循着这条线索，我希望跟所有年轻的父母及老师一起，以一颗最纯真的童心，跟孩子们一起玩游戏、玩数学，所以，这里的“游戏”二字，不是名词，而是动词，也就是说：好吧，把数学忘掉，跟儿童一起游戏吧！

第二节 对游戏编排顺序的若干说明

这一节，我们再次回到“源点”思考问题：教学或学习的核心问题是什么？自古以来，儿童的教育就是一件极其复杂的事情，甚至是整个宇宙中最为复杂的事情中的最复杂者。如果将儿童通过教育获得生命的成长比喻成一棵树的生长，那么，其土壤除了父母亲人提供的物质资源以外，更重要的是由哲学和心理学共同构成的“精神资源”。这就好比是，看得见的“泥土”并不是最重要的——无土栽培就是明证，那些看不见的各种微量元素和营养物质才真正构成了植物生长的基础。所以，面对今日形形色色、林林总总的教育改革，如何不被表面的热闹牵着鼻子跑，而是反过来，学会辨析、清理这些一日三变的浮华现象，找到一条有效的、基于哲学和心理学的育儿道路，就显得尤为迫切了。“玩游戏，学数学”中的“玩”，不是胡玩、瞎玩，其背后蕴含着虽无形却深远（厚）的哲学和心理学的基本原理。

本书最为核心的观念就是：所有的知识（或观念）都不是静态的、一成不变的，而是如同植物的种子一般，可以冒芽儿、分枝、开花、结果……也就是说，知识总是以符合儿童生命成长的节奏而活泼泼地生长着。对于 2 岁幼儿和 18 岁的青年来说，“妈妈”的含义一样吗？“数”的含义一样吗？“圆”的含义一样吗？“智慧”的含义一样吗？……这里仅以“智慧”一词为例，说明其如同种子一般活泼泼的“生长”历程。根据皮亚杰的启示，人们已经知道：对于0—2岁的婴儿来说，虽然他们处于无意识的混沌状态，但是，混沌之中却蕴含着一切“神秘”的源头。就像任何大江大河的源头一样，“源”总是神秘的、混沌的、不可分的，在生命最初的这个阶段，如果父母用一块布盖住儿童心爱的玩具（比如拨浪鼓），儿童只会哇哇大哭，那就说明儿童仍然处于本能阶段——一旦玩具看不见了，也就意味着它消失了、没有了。某一天，当父母再次重复同样动作时，儿童就能自己掀起布，找到自己的玩具。如果拨浪鼓离自己比较远，儿童够不着，他就会拽动床单，让拨浪鼓缓缓地朝自己移动过来……通过这些现象，我们可以看出：在儿童的动作中，手段（掀布、拽床单等动作）和目的（为了得到自己的玩具）得以分离，这种“动作”就不是先天本能性动作（手段与目的无法分离），而是智慧性的动作，儿童也正式进入“动作型智慧阶段”。

在3—6岁期间，儿童可以通过模仿、游戏、早期绘画、语言表达等途径，在大脑中把外在的物体或动作，静态地描绘出来（心理学上的专业术语叫“表象”），并进而形成自己想象性的观念，这个阶段可以简称为“表象型智慧阶段”。在6—12岁期间，儿童开始学习算术四则混合运算和简单的空间几何问题，不过，为了更为有效地生成数学观念，具体直观的操作活动和情景仍然是必需的，所以这个阶段的智慧类型一般简称为“具体运算智慧”。在12岁以后，儿童的智慧一般表现为更加抽象化、逻辑化、形式化的倾向和特征（思维可以依据逻辑规则直接运行，而无须借助具体的外在活动或实物），故一般称之为“形式运算智慧”。我们可以看出，“智慧”一词并不是静态的、一成不变的死概念，而是像种子一样，在岁月中持续地变化着、生长着，对于不同年龄段的儿童来说，表现出明显不同的特征。我们所提出的“数学发生学”正是基于这一崭新的视角构建起来的。

一、0—2 岁：动作型的游戏

动作智慧，是后续一切智慧形态生长的源头和起点，我们反复强调：认识既不只源于主体，也不只源于客体，而是源于主客交互的动作。

从我国当前的教育发展状况来看，早教（甚至胎教）早已不是什么新鲜名词，但是，如果说给0—2岁的婴儿设置发生学意义上的“数学游戏课程”，难免会遭人嘲讽。所以，本书中的游戏基本都是针对2岁以后（2岁生日已过）的儿童。

早期婴儿的先天本能，以及通过协调重组而形成的各种动作，是他们探知未知世界的最强大的武器，成人为其提供的生活世界，既不能超越婴儿武器的强度，也不能完全无视婴儿武器的存在。当成人用一块红布盖住了婴儿正在玩耍的小汽车时，婴儿会哇哇大哭，有的父母会迅速拿走红布，从而让婴儿破涕为笑；另有一些父母会“惊奇”地说：咦，小汽车怎么不见了呢？也许是讨厌的红布把它藏起来了，把红布拽开吧。处在“最近发展区”的儿童就会自己拽走红布，从而也破涕为笑。再比如，一个一岁半的儿童想要拿到放在高处的玩具，有的父母会直接拿过来交给儿童，而另有一些父母却会抱着儿童，慢慢移动到儿童可以自己伸手拿到玩具的地方，就仿佛是儿童不需要别人帮忙而自己动手拿到的一样。这样的例子很多，表面上看，结果是一样的，但是，前者是父母“代劳”的，而后者却是婴儿“自主”完成的，天长日久，儿童就会表现出明显的差异。

最后需要说明的是，在动作型智慧阶段，婴儿的动作，虽然是各种数学观念最初发生的源头，但是一定要强行将这些动作分成若干类别，并将其分别归为代数观念、几何空间观念、物理观念的发生学源头，显然既无必要，也无可能。因为在此期间，婴儿的世界虽然已经开始初步地分化，但整体性、混沌性仍然是其最重要的表征。

二、3—6 岁：表象型的游戏

在表象型智慧阶段，本书提供了两类数学游戏，一类是“前算术游戏”（小学阶段叫“算术阶段”，3—6 岁处于小学之“前”，所以叫“前算术阶段”），另一类是“表象型几何游戏”［处于从“拓扑几何”（橡皮泥几何）向“刚性几何”（也就是通常所说的欧氏几何）的过渡阶段］。前算术游戏主要是帮助儿童形成科学的“数观念”（自然数）。算术其实就是关于自然数（当然也包括分数、小数和百分数）的四则运算，而任意一个自然数，比如说5，既意指“5个”，又意指“第5个”，前者对应着“基数”观念，后者对应着“序数”观念，科学的数观念，就是基数和序数的协调与综合。而基数表示一个集合的元素的“个数”（比如一个由 5 个苹果构成的集合，其元素个数就是“5”），它与集合的分类有关，也就是说，它应该诞生于 6 岁以前的“分类游戏”。

同样的道理，序数观念应该诞生于 6 岁以前的“排序游戏”。所以，在前算术游戏中，本书提供了三类游戏，即：分类游戏、排序游戏、分类与排序的综合类游戏。表象型几何游戏主要侧重于拓扑几何游戏，这主要是得益于皮亚杰的启发，他认为这个阶段的儿童所拥有的几何观念，并不是我们通常所熟知的欧几里得几何观念（欧氏几何），而是拓扑几何观念——几何图形仿佛是橡皮泥做成的，不仅直线与曲线没有分别，而且三角形、四边形和圆（其实只要是封闭图形）都是一样的“封闭图形”。但是，在拓扑变换的过程中，儿童可以建构生成临近、分离、次序、封闭等拓扑几何观念，这种几何观念与小学阶段的前欧几里得几何观念和初中以后的欧几里得几何观念都大为不同，但同时又构成了某种非常紧密的关系。

在本书中，前算术游戏包括三类，其中分类游戏有：积木分类、棋子的多少、多重分类；排序游戏包括：小棍排序、非等量关系传递、等量传递；综合游戏包括：由序数推断基数、由基数推断序数。另外还涉及几个相关的游戏：类的合并、类合并的交换律、集合的等价性。表象型几何游戏包括：给老师和自己画像、临摹几何图形、触摸图形等。

三、6—12岁：具体运算型的游戏

此阶段的游戏，也可分为两类：一类是算术游戏，侧重于协助儿童建构生成算术四则运算的本质性观念，主要包括：加法游戏、减法游戏、乘法游戏、除法游戏、混合运算游戏、拆数游戏、制作数字树和数字盘游戏等。另一类是前欧几里得几何游戏，主要涉及各种量的守恒（长度、面积、体积等）和测量问题，包括：棋子数量守恒、物质量的守恒、木棍间的距离、用棋子构造圆形和线段的垂直平分线、水平轴、竖直轴、山上的小树、确定点的位置、面积守恒、长方形面积测量、三角形面积测量、圆的周长和面积、透视游戏等。

以上这些游戏中的绝大多数，都在本书的后面章节中有详细的过程记录，读者可以根据自己的兴趣和爱好，选择不同的路径进入：既可以根据游戏清单先跟自己的孩子“玩起来”，然后再慢慢地深入阅读；也可以先仔细阅读全书，找到游戏的感觉之后，再跟自己的孩子“玩起来”。总之，阅读不是目的，“玩起来”才是目的，只有在忘情地玩游戏的过程中，你才能真正深刻地体会到：数学为什么要这样“玩”。

这些游戏不是随意的、纯粹凭借经验的汇总和拼凑，它们的背后渗透着认知心理学的核心原理。通常，我们一旦提起某个数学概念，总是认为它具有确定的内涵和外延，而且判断标准也客观存在于教材和数学家的著作之中，所以，对就是对，错就是错，绝对没有模糊地带。但是，从儿童建构生成一个数学观念的真实历程来看，真相并非如此。儿童在12岁以后学习的任何一个数学观念，都不是通过某一节数学课“一次成型”的，它总是可以追溯到儿童在0—2岁期间所参与的游戏活动，也就是说，在最初的游戏活动中，“种子”（数学观念）就已经埋下了。在3—6岁、6—12岁的“漫长”岁月中，最初的种子逐步成长，直至12岁以后才能真正长成一棵“参天大树”（成熟的数学观念）。如果以外在的客观标准去衡量，最初的“种子”，或者长成“参天大树”之前的任何一种形态，肯定都是不完美的，充满了显而易见的谬误。但是，对于儿童来说，这些“种子”和“小树苗”却恰恰意味着最伟大的创造和发明。从客观外在的“知识中心”转向引导儿童内在建构生成数学观念的“儿童中心”，完全可以媲美从“地心说”到“日心说”的“哥白尼式的转向”。

我们可以用图 1–1、图 1–2 两个“金字塔”形象地表示基础数学教育中涉及的代数观念和几何观念的生长历程，它们呈现出从低级到高级、从简单到复杂的四个阶段。

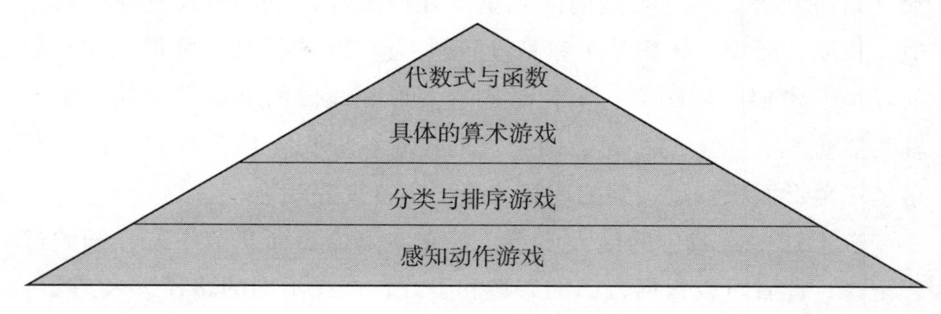

图 1–1 代数观念的生长发展四阶段

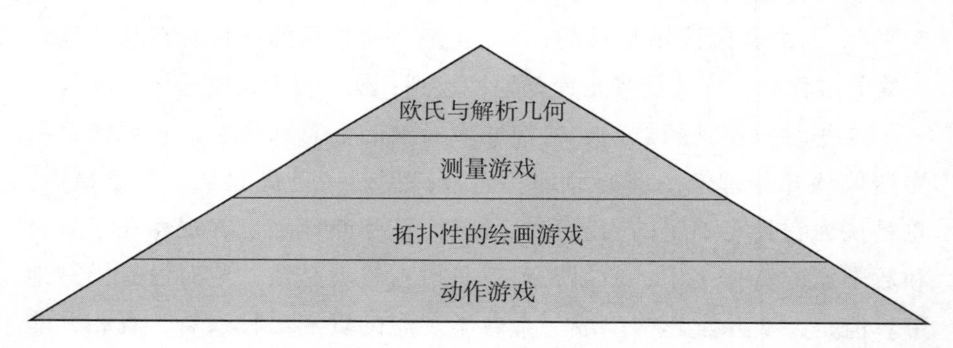

图 1–2 几何观念的生长发展四阶段

结合这两个框架，我想对本书所提供的数学游戏做两点补充说明：第一，在“动作智慧”阶段，“动作运算”（算术观念的源头）和“动作空间”（几何观念的源头）是混沌一体的，故没有提供相应的游戏活动。第二，在“形式运算型智慧”阶段（12 岁以后），不管是“代数式与函数”的运算，还是由“欧氏与解析几何”所构成的空间观念，其核心特征都是高度形式化的，所以本书也没有提供具体的游戏活动。

不过，前者是一切游戏的源头，后者是儿童通过游戏可能抵达的模样，它们构成了如同种子一般活泼生长着的有机整体。

在第一章的最后，我想再次特别强调的是：虽然每一个游戏的背后都关联着某个数学观念，但是，真正重要的永远是游戏和参与游戏的游戏者——儿童！对于家长和老师来说，我的建议就是：游戏，游戏，游戏！游戏的目的是好玩，是游戏本身带来的快乐，任何强行外加的“认知目的”都是对游戏和游戏者的伤害，而且必然遭到儿童的抗拒。所以，好玩必须成为游戏的第一目的，一旦儿童觉得好玩，数学观念就会在愉悦的、无意识的状态中得到顺其自然的生长——即便暂时没有达成任何显性的认知目的，游戏本身所带来的愉悦也是儿童生命成长中最为重要的营养。也就是说，认知目的最多只能算是游戏的“额外奖赏”，否则，一旦游戏直奔认知目的而去，势必在儿童敏感的心灵深处留下“被动灌输”的终生阴影！

第二章

3—6 岁阶段的数学游戏

第一节 3—6 岁的儿童怎样学习算术

进入新世纪以来，中国教育逐步开始与国际接轨，基础数学教育，从小学一年级到高中三年级，按照“数与代数”“空间与图形”“综合与应用”“统计与可能性”四个板块逐步形成了“螺旋式”的课程系统。

从具体内容上看，小学阶段的“数与代数”，其实就对应着传统的“算术”。以前，不管是家庭还是学校的学前教育，都没有明确的课程系统，当然也就不会涉及对学前数学课程系统进行“命名”的问题，所以，我们在这里把学前数学游戏，暂且命名为“前算术游戏”和“前几何游戏”。

本节主要讨论“前算术游戏”，下一节讨论“前几何游戏”。

在 0—18 岁期间，儿童的代数观念发展，经历了如下从低级到高级、从简单到复杂的发展过程：

1. 感知动作游戏阶段（0—2 岁）；
2. 基于分类游戏和排序游戏的前算术阶段（3—6 岁）；
3. 具体算术游戏阶段（6—12 岁）；
4. 代数式与函数运算阶段（12—18 岁）。

本小节研究的问题在代数观念生长系统中的位置如图 2-1 所示：

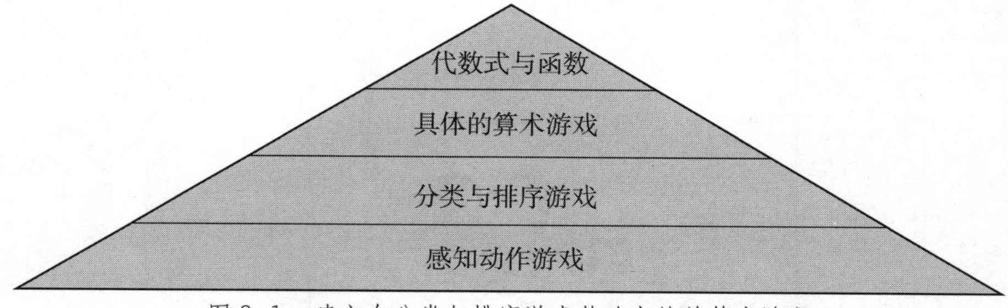

图 2-1　建立在分类与排序游戏基础上的前算术阶段

一、分类游戏

在感知动作游戏阶段（0—2 岁），儿童的分类是随意的、以自我为中心的。分类活动基本都是按照分类对象的日常用途、习惯性的摆放位置和视觉上的临近关系，进行的“混合分类”。2 岁以后，儿童的外部动作不断内化，逐步形成大脑内部的、静态的表象能力——通过想象在大脑中“重现”感知到的物体的形象。在此期间，模仿、象征性游戏、早期绘画，特别是语言能力的快速发展，使儿童可以以表象能力为武器，大大增强了认识和探索世界的能力。

（一）游戏活动

游戏 1 积木分类

游戏材料：各式各样图形的积木，颜色一般有 2—3 种，形状分为立体和平面的两类。立体积木包括正方体、长方体、圆柱、圆锥、球，平面积木包括三角形、平行四边形、梯形、正方形、长方形、圆形、椭圆形等。

游戏步骤：

1. 先引导儿童按照单一因素（比如颜色或形状等）进行分类。
2. 引导儿童进行多因素分类。
3. 请儿童自由分类。

游戏目的：协助儿童建构和发展按颜色、形状等可视因素进行分类的能力。

适龄儿童：2—6 岁。

游戏参与者 1：M3（3 岁 5 个月）。

游戏过程：

老师：“你能把这些积木分成两堆儿吗？”

M3：“我要搭房子。”随后，她就开始搭建自己的城堡。

老师：“橙色的房子中有一块紫色的积木，这是我的，还给我好吗？”

M3 把紫色积木递给老师，但同时又拿走了绿色积木。

老师："你能搭建由同一种颜色的积木组成的房子吗？"

M3："不，我要搭我的房子。"

如果老师再继续"干扰"下去，M3 可能就要"急了"，她完全沉浸在自己的世界中。

游戏参与者 2：M1（3 岁 9 个月）。

游戏过程：

老师："你能把这些积木分成两堆儿吗？"

M1："我会搭城堡，我是白雪公主，我就住在这里面。"

老师："哦，我们先把这些积木分成两堆，然后再搭城堡好不好？"

M1 把紫色积木放一堆，橙色积木摆成另一堆。

老师："你能找出和它（老师拿出一个拱形的橙色积木）一样的积木吗？"

M1 很快就找到一个绿色拱形积木。

……

分析：看上去，M1 可以准确地进行"单一因素"分类（按颜色、形状等单一物理因素分类），而 M3 却不能。实际上，如果老师对 M3 说"请把橙色（或者圆柱形）积木放成一堆"，M3 肯定也能顺利完成。因为，她可以准确地根据老师的要求把紫色积木递给老师，这就表明她能够准确地分辨不同的颜色（事实上，年龄更小的儿童，也已经可以分辨主要的单一色了）。"你能把这些积木分成两堆吗？"M1 和 M3 在开始的时候，都还不能明白老师"潜在的意思"——按颜色或形状分类，所以，她们就去"搭建自己的城堡"——一种纯粹的动作智慧。

一般来讲，学习者（包括成人）总是倾向于用更日常化的思维方式，解决当下面临的"复杂问题"。当两个儿童不明白老师的意思时，她们就无意识地启动了自己的习惯性思维方式，这其中隐含着的认知心理学原理是：当儿童尝试建构一个新观念时，他们头脑中的原有观念，表面上看是被新观念替代了，实则是以无意识的方式继续运行着，一旦遇到合适的情景，原有观念就会自动开启。当 M3 首先拿走橙色积

木时，她只是认为城堡的底层“应该是”橙色的；当她拿走紫色积木时，她或许认为城堡的塔尖应该是紫色的；当老师要走了紫色积木后，她或许认为自己的塔尖用绿色积木替换也不错；如果老师没有“抢走”紫色积木，她或许最后会用绿色积木作为城堡的窗户，或者别的什么装饰。总之，她们关注的是某个东西放在某个位置是否“合理”，或者是否“可以接受”，就如同把筷子和碗放在一起总是比把筷子和衣服放在一起更合理一些。这个阶段或者年龄更小一些的儿童，会将袜子、裤子、衬衣分成一堆，而将筷子、小勺、盘子、碗当作另一堆，这仅仅是因为，在儿童的日常生活中，这些东西本来就是放在一起的。儿童不是根据物体的某一共同属性进行分类，而是以某种关系为纽带，进行分类。这是处于 3—6 岁阶段早期的儿童的典型智慧特征。

游戏参与者 3：小林（4 岁 10 个月）。

游戏过程：

（这个游戏用的积木包括：两个橙色的直四棱柱、两个紫色的圆柱、一个橙色的圆柱、两个蓝色的直三棱柱、两个紫色的直四棱柱）

老师：“你能把它们分成两堆吗？”

小林开始操作：左边一个“三角形”，右边一个“三角形”；左边一个“方形”，右边也放一个“方形”（连续操作两次）；左边一个“圆形”，右边一个“圆形”；最后面对一个“矮一点儿的圆形”犹豫不决，只好单独算作一堆。结果如下图所示：

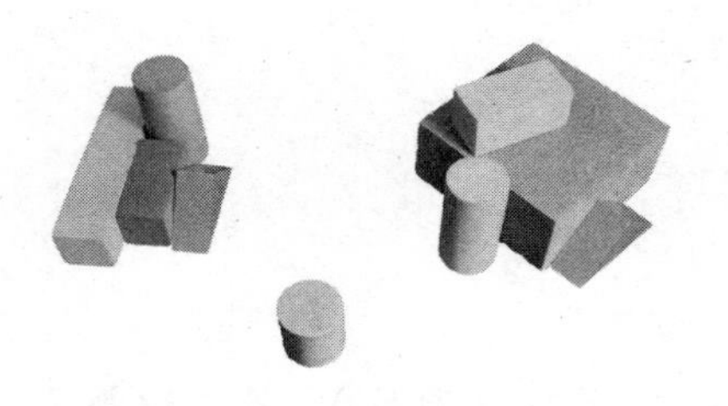

老师：“为什么要这样分呢？”

小林:“我想让每一堆都有一个‘三角形’、两个‘方形’、一个‘圆形’。”

老师:“如果我们把这些积木重新混在一起，你能把它们分成三堆吗？”

小林分成如下图所示的三堆。

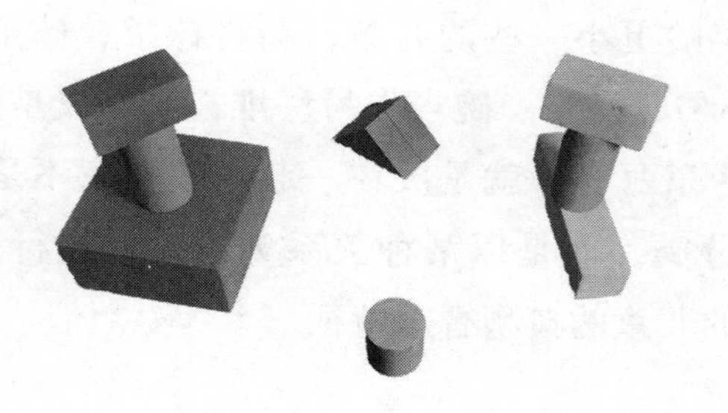

老师:“你为什么要这样分呢？”

小林:“我想让每一堆都包含两种不同的颜色。”

老师:“你能把这些积木分成四堆吗？”

小林分成如下图所示的四堆。

老师:“你为什么要这样分呢？”

小林:“第一堆都是‘圆形’(其实是圆柱)，第二堆都是‘三角形’(其实都是直三棱柱)，第三堆都是‘长条形’(其实是直四棱柱)，第四堆是‘方形’(其实也是直四棱柱，只不过底面是正方形)。”

老师："这里有几种不同颜色的积木？"

小林："有橙色的，有紫色的，有蓝色的。"

老师："如果按颜色进行分堆，可以分成几堆呢？"

小林迅速将这些积木分成了三堆。结果如下图所示：

分析：从最后的结果来看，对于小林而言，单一因素（以颜色为分类标准）分类，显然是容易的。但是，如果老师提前没有明确指出分类标准时（当老师仅仅要求"分成两堆"），她就自然地启动了原有观念——"一一对应"——进行分类。从儿童数学观念的建构、发展历程看，"一一对应"观念，要早于"类观念"，也就是说，小林在此之前已经"学会"了"一一对应"，所以，她会进行自动化地操作：三角形对三角形，方形对方形，圆形对圆形。如果没有"余数"（剩下一个"矮一点儿的圆形"积木），小林就完成了一次"完美"的平均分配任务。

当老师要求"分成三堆"时，她依然沿着"一一对应"的思路，继续"平均分配"，只不过，这一次为每一堆平均分配了"两种颜色"：第一堆是2紫1橙，第二堆是2蓝1紫，第三堆是2橙1紫。所以，严格讲，她平均分配的是颜色的"数量"（都是"两种"），而不是颜色本身，数量的抽象程度高于仅仅依靠视觉化的颜色属性，这表明小林的认知能力有了新的进展。

如果老师继续追问："这些积木有多少种颜色呢？你还有其他方法将它们分成三堆吗？"一旦"聚焦"于颜色属性，小林自然可以轻松地以颜色为标准，将积木分成三堆：橙色积木、蓝色积木、紫色积木。"你能将积木分成四堆吗？"小林的分法是：一类圆柱体，一类三棱柱，一类底面为正方形的四棱柱，一类底面为长方形的四棱柱。

对于4岁多的儿童而言，小林的表现的确太棒了！不过，千万不要以为，她是依靠几何图形的“科学概念”进行分类的——就像学过立体几何的高中生一样。她的分类标准依然是“视觉化”的，只不过，随着认知能力的发展，她的视觉已经比较敏锐了。当小林按照形状，将积木分成四堆之后，如果老师继续追问：“我们一起把这些积木在地板上‘滚动’一下，看看它们有什么不同，好吗？”儿童应该非常乐于参与这样的活动，并且在活动中“明白”：这些积木还可以分成两类，一类是“可以自由滚动的”（比如圆柱），另一类是“不可以自由滚动的”（比如长方体）。另外，老师还可以引导儿童戴上眼罩，让儿童逐一地触摸每一堆积木，儿童也许会发现：第一类是“圆的”“弧形的”，而其他几类是“平的”“有棱的”“有角的”，这些体验对于儿童而言，都是非常有趣的、神秘的。

在这个游戏中，老师事先其实是有“预谋”的。当他请儿童将积木分成两堆时，他预设的结论是圆柱和棱柱，或者是能自由滚动的积木和不能自由滚动的积木。当他请儿童将积木分成三堆时，他预设的结论是圆柱、三棱柱、四棱柱，或者按照颜色分成紫色积木、橙色积木、蓝色积木。当他请儿童将积木分成四堆时，他预设的结论是三角形积木、圆形积木、长条形积木、方形积木（这些都是4岁儿童的“常用语言”）。但是，老师预设的结论，绝不能等同于最终的游戏结果。儿童游戏有其自身逻辑，即趣味性和挑战性的完美结合。

游戏参与者4—5：小瀚（5岁5个月），维维（5岁8个月）。

游戏过程：

（游戏材料变得更为复杂）

老师：“请自由地将这些玩具分堆吧。”

小瀚的分类结果如下图所示：对所有的“立体图形”按照颜色进行分类——原木色的小立方体、粉红色的柱体、白色的小球、白色的围棋子和黑色的围棋子；对所有的“平面图形”按照“形状”进行分类——三角形、梯形、圆形、平行四边形。

维维的分类结果如下图所示：左上角是三角形，右上角是“方的”，左下角是“圆的”，右下角是四边形。

老师：“你们能把所有玩具分成两堆吗？”

小瀚和维维的分法几乎是完全一样的：忽略颜色和形状，分成数量相等的两堆。

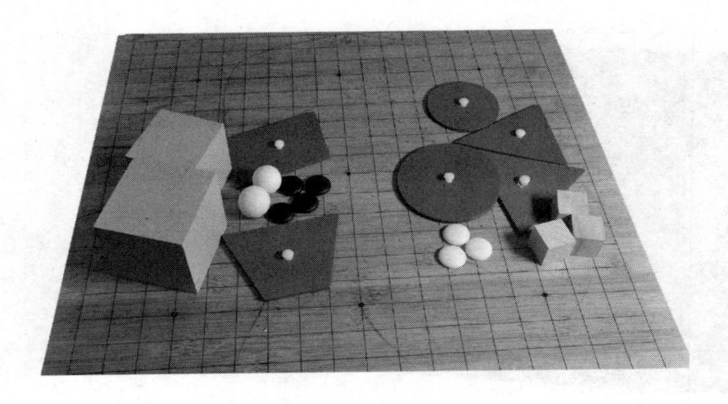

[后来，老师只拿蓝色嵌板继续跟小瀚做游戏（拓展游戏）。]

老师："你能对这些蓝色嵌板进行分类吗？"

小瀚分成四类：圆形、三角形、四边形（其实是个梯形）、正方形。

老师："你能把它们分成两堆吗？"

小瀚按数量相等分成两堆。

老师："我们让这些嵌板在地板上运动起来好不好？"

结果发现：只要用手一推，所有的嵌板都能在地板上滑动；圆形的嵌板还可以滚动，其他形状的嵌板则不能滚动。

老师："你能按照新标准，将这些嵌板分成两类吗？"

小瀚："一类是能够滚动的（圆形），另一类是不能滚动的。"

当用布条将眼睛蒙上时，小瀚通过触摸也完成了上述分类。

两天之后，同样是这些蓝色嵌板（添加了一个正方形和一个长方形），老师问小瀚："能把正方形、长方形、四边形（其实是梯形）归为一类吗？"

小瀚："不能。"

老师："为什么？"

小瀚："因为它是正方形，它是长方形，它是四边形啊。"

老师："正方形有几条边（在此之前，他已经知道四边形是四条边）？"

小瀚："四条边，哦，我知道了，正方形也是四边形，那么，长方形也应该是四边形，菱形也是的，它们都可以归为一堆。"

老师："真棒！那么，是正方形多，还是四边形多？"

小瀚："四边形多，因为四边形还包括了其他的图形。"

老师："正方形可以是长方形吗？"

小瀚："不可以！正方形是方方正正的，而长方形是长长的。"

分析：自由分堆时，小瀚按颜色对"立体图形"进行分类，而按形状对"平面图形"进行分类。他还不能理解，在同一次分类中，分类标准应该始终保持不变的原则。而维维则符合按同一标准——形状（俯视图）——进行分类的原则。她在无意识中"忽略"了平面和立体的差异。在"分成两堆"的游戏中，两个儿童都忽略了颜色和形状的干扰，而仅按照"数量"进行了分类；而且，与前一阶段的儿童相比，他们不需要通过"一一对应"的方式，确保"数量相等"，而是直接通过"计数"完成的。

拓展游戏的价值在于："能滚动"作为一种分类标准，它不是成人直接告知的，也不是儿童直接通过视觉观察到的，"能滚动"作为一种新观念，是儿童自己通过主客交互的动作自主生成的[其中的"主(体)"即指儿童，"客（体）"就是各种积木玩具]。这种"生成"对于儿童而言，就仿佛是他们自己在真正的发明和创造。在随后的游戏过程中，小瀚本来认为正方形和四边形"不是一类的"，但是稍加引导，他就理解了一般四边形和特殊四边形之间的相互包含关系。这种理解并不是"灌输"，而是因为这个阶段儿童的内在认知发展水平，已经具备了理解"类包含"的可能性。

至此，我们可以清晰地梳理出，6 岁以前儿童的单一因素分类观念的生长过程（或者说"发生发展的过程"）：

第一阶段，是单一因素分类观念的萌芽期。前文中 M3 和 M1 的分类观念，就处于萌芽后期。在游戏中，如果老师没有任何提示，儿童会按照物体在日常生活中的位置临近或者功能相似等因素，对物体进行分类。但是，经过老师的启发引导，儿童能够辨识物体的颜色、基本形状等物理因素，这正是进行单一因素分类的前提。

第二阶段，是单一因素分类观念的生长期。前文的小林就处于这个阶段。如果"指令"明确，她可以比较准确地按照单一因素（颜色或者形状等）对积木进行分类；在"指令"不明确的情况下，她也可以自主探索分类的方法。但是，在同一个分类任务中，可能会将多种因素（比如颜色和形状）“混合”在一起，这使她的分类结果总是出乎成人的意料。她还不能主动确立，以某种单一因素为分类标准，她无法事先就意识到，一旦标准确定了，相应的分类情况也就确定了，她需要在具体的操作活动过程中，不断地尝试、修正，并最终得到一个她自己可以给出“理由”的分类结果。

第三阶段，是分类观念的成熟期。前文中的小瀚和维维就处于这个阶段。两名儿童不仅可以依据颜色或形状等可视的、物理性的单一因素，对积木进行分类，而且也可以依据非物理性的（如数量）因素对积木进行分类；另外，他们不仅可以依据以前已经知道的某些单一因素对积木进行分类，也可以在游戏过程中，通过具体的操作活动，探索发现“新”的分类标准，如依据“能滚动”和“不能滚动”对积木进行分类。当然，“成熟”仅仅是相对于“萌芽”和“生长”两个阶段而言的，在后续的学习过程中，儿童的分类观念还会得到持续的完善与发展。

对于父母或老师而言，不是要把单一因素分类的结果“告知”儿童，而是要尽可能地以儿童视角陪伴儿童做游戏，如果儿童处于“萌芽期”，就不要试图通过“告知”，将他们“提升”到“生长期”；如果儿童处于“生长期”，也不要试图通过“告知”，将他们“提升”到“成熟期”。总之，低龄儿童无法通过“被告知”进行有效的学习，他们更擅长在游戏中学习，在操作中学习。同时，如果你不去陪伴儿童玩游戏，也会严重阻碍儿童认知能力的发展。儿童的生活不能没有游戏，一旦缺乏游戏，就会出现不同于日常饮食的更为严重的“营养不良”。

游戏 2 类与子类

游戏材料：水果图片。

游戏步骤：2 个苹果和 3 个小金橘，请儿童判断“苹果与小金橘的多少”。

游戏目的：协助儿童建构子类与子类、子类与类的关系。

适龄儿童：4—6 岁。

游戏参与者1：冬冬（4岁4个月）。

游戏过程：

给冬冬看图片。

妈妈："这是堂堂的水果，一共有几个？"

冬冬："2个。"

再给冬冬看这个图片。

妈妈："这是冬冬的水果，一共有几个？"

冬冬："3个。"

妈妈："堂堂的水果多还是你的水果多？"

冬冬："我的多。"（很肯定的样子）

再让她回看两张图片，重复问她，仍然肯定地说她的多。

妈妈："你比堂堂多几个？"

冬冬："1个。"

妈妈：“堂堂比你少几个？”

冬冬：“2 个。”

妈妈：“这里一共有几个水果？”

冬冬：“让我来数数，1，2，3，4，5，5 个。”

妈妈：“水果多还是小金橘多？”

冬冬：“小金橘多。”

妈妈让冬冬再次确认水果的数量和小金橘的数量之后，冬冬仍然认为小金橘多。

分析：冬冬之所以一再坚持是“小金橘多”，一方面是“机械计数”的结果——当她进行机械计数时，她忽略了苹果和小金橘之间的物理因素的差异；同时也表明，她当下还不能理解“类”和“子类”之间的包含关系。早期的机械计数，对于后来正确的建构数观念是非常重要的，只不过到了 5 岁左右，成人就不能再强化儿童的机械计数能力了，而应该引导儿童在游戏情景中，尝试进行“理解性”的计数，并逐步建构科学的数观念。有些 4 岁甚至 3 岁的儿童都可以轻松地数到 100，但是，这并不意味着儿童就是“数学天才”。儿童早期的机械计数，本质上是一种依靠记忆的“唱数”，他们享受唱数过程中的“节奏感”，而不能理解数字与数字之间的关系，所以，鼓励儿童将数唱到很大很大，其真实价值其实是很小的。而理解类与子类的包含关系，是儿童进行理解性计数的前提和基础。

游戏材料：围棋图片。

游戏步骤：5 枚白棋子和 3 枚黑棋子（接近 6 岁的儿童，可以适当增加棋子的数目），请儿童判断“白棋子与黑棋子的多少”。

游戏目的：协助儿童建构子类与子类、子类与类的关系。

适龄儿童：4—6 岁。

游戏参与者 2：科恩（4 岁 10 个月）。

游戏过程：

老师：“白棋子是围棋子吗？”

科恩：“是。”

老师："黑棋子是围棋子吗？"

科恩："是。"

老师："白棋子多，还是黑棋子多？"

科恩："白棋子多。"

老师："白棋子多，还是围棋子多？"

科恩：（不假思索地回答）"白棋子多。"

（老师即兴拿出画有3个梨、2个苹果的图片，苹果与梨看上去差不多大小）

老师："梨多还是苹果多？"

科恩："梨多。"

老师："梨多还是水果多？"

科恩："水果多。"

分析：当科恩说"白棋子多于黑棋子"时，他是一颗一颗数出来的（机械计数的结果），那么，这能说明科恩已经拥有了科学的数观念吗？答案显然是否定的。科学的数观念是基于类结构和序结构的"综合"，但是从整个游戏过程来看，科恩显然还不能很好地实现这种"综合"。他其实是依据机械计数的结果作出判断的，而机械计数，对视觉具有很强的依赖性，所以，当他看不到棋子时，他会说白棋子多于棋子，他当下的认知水平还不足以理解"类"（整体的"棋子"）与"子类"（部分的"白棋子"）之间的"包含"关系。但是，他为何能够判断"水果比梨多"呢？

这的确是个非常有趣的现象，按道理讲，如果他不能把握棋子（类）与白棋子（子类）的包含关系，他也应该同样不能把握水果（类）与梨（子类）的关系，然而事实却并非如此。这是为什么呢？一种可能的解释是：因为不管是苹果还是梨，都是他日常生活中的"老朋友"，而且在与父母的共同生活中，他早已明白苹果和梨都是"水果"。换句话说，科恩意识中的"水果"并不是一个更大的抽象的"类"，而仅仅是他所"看到"的苹果与梨合成的一堆，这说明，他仍然是依靠视觉判断"水果多于梨"，这个时候的类包含关系是具体的，而不是抽象的。

但是，科恩为何知道白棋子和黑棋子都是"棋子"呢？当他这么说的时候，他不是已经知道了一个比白棋子（或黑棋子）更大的“类”——棋子吗？事实并非如此。在这个阶段，棋子与白棋子（或黑棋子）其实都是对具体棋子的“命名”，而不是对一个更大的整体——抽象的“类”的“命名”。也就是说，对于这个阶段的儿童而言：白棋子就是棋子，棋子就是白棋子，二者并无分别（同样的道理，黑棋子与棋子也是一样的）；而且，这种判断是无意识的，一旦需要他们对二者关系进行有意识地辨别时，他们就会退回到“视觉模式”，“看不见”的棋子类（视觉聚焦于“白”棋子）就是没有的、少的。

有趣的是，如果老师接着问“黑棋子与棋子谁多”时，他就会回答“棋子多”，看上去是咄咄怪事，其实儿童启动的仍然是“视觉模式”，他“看到”的黑棋子是“少的”，“少的”就不会是“多的”，所以，“少的”就只能是“黑棋子”。当然，这个阶段的儿童也完全可能说：棋子多于黑棋子。原因也很简单，因为他此时只不过是把“白棋子”当作“棋子”了。

游戏参与者3：小瀚（5岁5个月）。

游戏过程：

（桌子上摆放7枚白棋子和5枚黑棋子）

老师：“白棋子是围棋子吗？”

小瀚：“是。”

老师：“黑棋子是围棋子吗？”

小瀚：“是。”

老师：“白棋子多，还是棋子多？”

小瀚：“棋子多。”

老师：“为什么？”

小瀚：“你看这里（指着两种颜色的棋子）有12颗棋子啊，再说，两个围棋盒子里还有好多好多棋子呢，它们合起来一定比7颗白棋子多啊。”

老师：“在我们家之外，别的地方还有围棋子吗？”

小瀚：“听说琳达（幼儿园同班同学）家也有，可能别的小朋友家

也会有吧。”

老师：“那围棋子会有多少颗？”

小瀚：“好多好多，也许会有1000颗吧，总之是很多的。”

（老师即兴拿出3个小金橘、2个苹果的图片）

老师：“小瀚，你看这张照片，它是小明的水果，一共几个？”

小瀚：“是苹果，2个。”

老师：“再看这张照片，它是小华的水果，一共几个？”

小瀚：“这是小金橘，3个。”

老师：“你觉得是小明的水果多，还是小华的水果多？”

小瀚：“当然小华的多啊，他有3个，而小明只有2个……不对，应该是小明的多……”（犹豫不决中）

老师：“你为什么会觉得小明的水果多呢？”

小瀚："因为苹果比小金橘大很多啊……"

老师："他们两人的水果合在一起是多少个？"

小瀚："5个。"

老师："为什么呢？"

小瀚："我知道，2+3=5嘛！"

老师："谁的水果多一些呢？"

小瀚："应该是小华多一些……"（有一些犹豫不决）

分析：在关于围棋子的对话过程中，我们能够看出，小瀚已经初步理解了"类包含"，所以，他能够轻易地判断"棋子肯定多于白棋子"。不过，对于小瀚而言，"棋子"仍然是一个具体的、有限的"类"（1000也许是他能够"了解"的最大数字），而不是一个"抽象的类"，"类包含"在这里是一个具体的关系，而不是抽象的集合关系。在关于"水果多少"的对话中，他还不能完全摆脱物理因素的限制，建构纯粹"数量化"的数观念；同时，当回答"合在一起有多少个水果"的问题时，他又能够暂时摆脱物理因素的干扰，而只将两个集合的元素个数"合并"在一起，所以，他"确信"2+3=5。这些现象表明：小瀚的数观念还不够稳定，但是，他的内在认知结构，已经基本上为建构科学的数观念，做好了相应的准备。

游戏参与者4：小瀚（6岁）。

游戏过程：

老师："小瀚，你看看这两张照片，左边是小明的水果，右边是小华的水果，你认为谁的水果多一些？"

小瀚："哈，这个游戏我做过。"

老师："那你还记得当时的情况吗？"

小瀚："不记得了，好像是问谁的水果多？"

老师："对的，就是这个问题，谁的水果多呢？小明，还是小华？"

小瀚："如果只考虑数量，那就肯定是小华多，因为小华有3个，3大于2。"

说实话，我有点儿吃惊，因为我并不知道，他是从哪里知道"只考虑数量"的说法的，于是接着提问："那么，除了数量问题，还有什么因素需要考虑呢？"

小瀚想了想说："果肉，2个苹果的果肉肯定多于3个小金橘的果肉，所以如果从果肉的角度讲，就是小明的多一些。"

老师："这样的话，2+3还等于5吗？"

小瀚："等啊。"

老师："这里的2、3，还有5到底是啥意思呢？"

小瀚："2就是2个苹果，3就是3个小金橘，5就是5个水果，既不能指5个苹果，也不是指5个小金橘。"

老师："那在这个加法式子里，考虑的是'数量'，还是'果肉'呢？"

小瀚："也许是数量，不过，我真的不知道了！"

分析：通过以上一系列游戏过程的描述，我们可以清晰地看到，"子类与类的包含关系"在儿童头脑中的生长历程。

第一个阶段是萌芽期，儿童只有在非常熟悉的日常生活情景中，才能初步感受类与子类的包含关系。前面的科恩就处于这个阶段。

第二个阶段是生长期，儿童可以理解类与子类的包含关系，但是，不管是类，还是子类，它们都还不是抽象的集合，而是由具体的事物构成的集合。5岁5个月的小瀚，就处于这个阶段。

第三阶段是成熟期，能够从抽象的"数量关系"的角度，理解类与子类的包含关系，不过，仍然具有某种程度的模糊性和不确定性。

需要特别强调的是：如果儿童不能理解子类与类的包含关系，那么，教授形如“3+4=7”的加法运算是没有多大意义的。这是因为，在算式“3+4=7”中，数字3表示集合A的基数（集合元素的个数），数字4表示集合B的基数，数字7表示将集合A和集合B合并在一起之后，所构成的新集合C的基数，“+”意味着“合并”。这个理解起来并不难，但是，“=”是什么意思呢？这就必须要理解：集合C不仅既包含集合A，又包含集合B，而且，将集合A与集合B合并在一起就“是”集合C。换句话说，合并之前的两个集合“消失”了，但是同时又产生了一个新集合。就好比是，2个苹果与3个小金橘合并以后，就产生了一个新的“水果集合”；3颗黑棋子与4颗白棋子合并之后，就产生了一个新的“棋子集合”。如果儿童不能理解子类与类的包含关系，而是完全受视觉的“控制”，他就根本“看不到”那个新集合的存在，他也就完全无法理解加法算式中“=”的意义。如果儿童正好处在这个发展阶段，成人就需要调整一下游戏的难度，比如说：换成同类物质的合并，3个苹果与4个苹果，3颗黑棋子与4颗黑棋子……然后，再逐步过渡到不同类物质的合并游戏。

游戏3 多重分类

游戏器材：老虎、猎豹、牛、马、鱼、虾、小麻雀、燕子、玫瑰花、小草、柳树、黄瓜、南瓜等各种卡片或玩偶，玻璃球，鼠标，正方体积木等等。

游戏步骤：

1. 动物与植物分类。
2. 动物类或植物类中的多层分类。
3. 交叉类属辨别。

游戏目的：协助儿童建构和发展多重分类的能力。

适龄儿童：5—10岁。

游戏参与者：小瀚（5岁6个月），小浩（8岁7月）。

游戏过程：

老师一一出示图片，并让小瀚说出名称（不包括无生命的玻璃球、积木等），然后说：“你能把它们分成两堆吗？”

小瀚很自然地把“老虎、猎豹、牛、马、鱼、虾、小麻雀、燕子”分为一堆，把“玫瑰花、小草、柳树、黄瓜、南瓜”分为另一堆。

老师：“为什么这么分呢？”

小瀚：“就要这么分，没有为什么。”

老师：“它们有什么共同点吗？”（用手指第一堆）

小瀚：“没有，它们都不一样，这是老虎，这是猎豹，这是小鱼……”

老师：“老虎会自己跑动吗？”

小瀚：“会啊。”

在老师逐一的询问之下，小瀚恍然大悟地说：“哦，我知道了，它们都能自己动。”

老师：“能够自己动的东西就叫‘动物’。”（这当然不是“科学概念”，但是，对于5岁多的儿童来说，这样的说法是必要且可行的。）

小瀚：“我知道了，这一堆东西都是自己不能动的。”

老师：“是的，我们把这一堆不能自己走动的物体叫‘植物’。”

小瀚：“哦，玫瑰花是植物，柳树是植物，黄瓜、南瓜也是植物。”

老师：“你能把这些动物再分一分堆吗？”

小瀚：“能啊，老虎、猎豹、牛、马是一堆，它们生活在陆地上，鱼、虾是一堆，它们生活在水中，小麻雀和燕子都会飞，它们生活在天空中。”

老师：“这一堆（老虎、猎豹、牛、马）还能再分吗？”

小瀚：“老虎和猎豹都是吃肉的，而牛和马都是吃草的。”

老师：“对，吃肉的叫‘食肉动物’，吃草的叫‘食草动物’，还有些动物既吃肉又吃草，就叫‘杂食动物’啦。”

老师把玻璃球、鼠标、积木也加入进来，问：“这些新加进来的东西，跟前面的动物和植物有区别吗？”

小瀚：“有啊，玻璃球可以滚动，鼠标是玩电脑的。”

老师：“哦，你看这些动物和植物，它们都可以从出生时小小的样子，长成大大的样子。”

小瀚：“是啊，它们都是可以生长的。”

老师：“对的，这些能够生长的东西也叫‘生物’。”

小瀚："动物是生物，植物也是生物，老虎是生物，南瓜也是生物。"

老师："但是，玻璃球能生长吗？鼠标呢？积木呢？"

小瀚："不能，它们都不能生长，那它们叫什么呢？叫'不是生物'吗？"

老师："差不多就是这意思吧，它们叫'非生物'，'非'也就是'不'的意思，非生物也就是不能生长的物体。路边上的石头是什么？你的玩具车呢？"

小瀚："它们都是非生物，它们都不能生长。"

（接下来的问题，小瀚遇到了明显的困难，而小浩成了唯一的主角，之前的问题，小浩觉得非常容易。）

老师："汽车可以在马路上奔跑，它是动物吗？"

小浩："不是，动物肯定是生物，而汽车是非生物。"（小瀚："汽车是动物，因为它能'动'，它不应该是生物，它好像不能生长。"）

老师："玫瑰花与老虎是什么关系？"

小浩："它们都是生物，但是玫瑰花是植物，而老虎是食肉动物。"（小瀚："它们没有关系，不过，它们都能生长。"）

老师："老虎跟石头是何关系？"

小浩："没什么关系啊，哦，对了，老虎是生物，而石头是非生物，它们合在一起是'物体'。"（小瀚："没关系。"）

老师："食草动物多，还是动物多？"

小浩："动物多，因为动物除了食草动物，还有食肉动物和杂食动物，人就是杂食动物。"

老师："动物多，还是生物多？"

小浩："当然是生物多啊，因为生物包括所有的动物和植物。"

老师："你能画一个图，把我们刚才涉及的所有物体之间的关系表示出来吗？"

小浩："这个有点儿困难，我试试啊。"

分析：首先申明，这里并不是要评估儿童进行生物学上的物质分类的能力，而是希望了解不同年龄儿童的逻辑分类能力的发展水平。前文提到的单一因素分类和类包含问题，都属于逻辑分类的范畴，它们

各自拥有自己的发展脉络。对于综合性更强的逻辑分类来说，它的发展脉络显然要更为复杂，这里也简单地将其界定为三个发展阶段：

首先，3岁左右的儿童，能够依据物体之间的相互依附关系进行关系分类，如将鞋子、袜子、裤子、上衣等归为一类，将筷子、勺、碟子、碗等归为一类（因为它们通常总是一起出现的），而且也能够依据物体的某种物理属性（如颜色、大小、形状、软硬等）进行分类。这两种分类能力看似不一样，但有一点是相同的，儿童几乎是完全依靠视觉进行分类的。不过，后者是儿童形成基数观念的源头。

其次，5—6岁的儿童开始逐步理解类与子类的包含关系。

最后，8岁左右的儿童不仅可以理解类与子类的包含关系，而且，当子类的层级增多时（对于“生物类”而言，“动物”是一级子类，“陆地上动物”是二级子类，“食肉动物”是三级子类，等等），或者，不同类的子类增多时，儿童也可以理解它们相互之间的关系。当儿童的分类能力发展到这种水平时，他们就不仅仅是可以开始学习整数加法，而是可以把握和理解整数的四则运算了。

（二）将游戏活动变成课程

这里的课程（下同）主要是指学前或幼儿园大班的数学课程，幼儿园小班、中班以及小学、初中、高中的数学课程，会逐步在其他书籍中做专门的论述。接下来的单元课程设计（初步）是围绕“分类”这个主题展开的，每个单元都会分为若干个阶段，每个阶段其实是一个小主题，各个小主题之间，具有某种或隐或显的逻辑关系，每个小主题可以用一个课时，也可以多于一个课时，这由任课老师或者父母自由决定。每个单元的第一、第二阶段是固定的：第一阶段是“单元主题故事”，目的是以故事的方式将儿童带入一个浪漫的主题氛围之中；第二个阶段是“单元主题歌”，目的是引导儿童在节奏和旋律之中逐步领会本单元的主题内涵。单元主题故事和单元主题歌，会贯穿整个单元的学习过程。在“分类”单元中，课程可以划分为以下十个阶段。

单元主题：分类

第一阶段——单元主题故事

1. 故事：《圣经》中的“创世纪”。

2. 体会故事中的分类问题（一）：矿物、植物、动物、人。

3. 体会故事中的分类问题（二）：固体、液体、气体。

4. 自由分享。

第二阶段——单元主题歌

《水果歌》

红红的苹果，弯弯的香蕉，紫色的葡萄，圆圆的大西瓜。

软软的木瓜，甜甜的凤梨，粉红色的水蜜桃，香香的芒果。

水果水果，好吃又营养，给你强壮和美丽。

水果水果，好吃又健康，给你聪明和力气。

第三阶段——物质分类之一

1. 组织一次户外活动，在活动中搜集各种自然物，把搜集到的材料进行分类展示。

材料：每个孩子准备一个塑料袋、一个透明的广口塑料瓶（罐）。

操作：带孩子们一起搜集自然物（比如：树枝、树叶、花草、果实，蜗牛、瓢虫、羽毛、蝉蜕，石子、泥土等等），如果条件不允许集体外出，就让孩子周末搜集，周一带来。

请孩子将自己搜集的自然物分类，说说自己是怎么分的，每一类之间有什么相同和不同点，为每一类命名（如矿物或非生物、生物、动物、植物等）。所有这些类别的共同点是什么？不同点是什么？它们都可以叫“物体”“物品”“物质”，或者就叫“物”。

艺术课时，儿童用这些自然物制作剪贴画、假花等，装点教室（事先准备好卡纸、皱纹纸、剪刀、胶水、双面胶）；同时，活的虫子、蜗牛可以养在合适的容器里，放在科学角供孩子们观察。

2. 用彩泥制作简易物质图谱。

材料：彩泥，硬纸板。

操作：用彩泥为每一类物质制作一个“标签”，用它来代表这一类事物。用彩泥条将关联的类别连起来。可以问孩子：“植物是动物吗？”不是，所以不把它们连起来。“植物是生物吗？”是，所以它们要连起来。

请每个孩子给大家讲解自己的作品。如果孩子表达不清楚、不全，老师可以问“这个表示什么”等。

3. 用绘画制作简易物质图谱。

材料：画纸，水彩笔，蜡笔。

操作：画出不同的图案表示各类物质，画线把相关联的类别连起来。每个孩子给大家讲解自己的作品。

第四阶段——物质分类之二

1. 观看合适的视频（也可用图片代替），感受并“讨论”：类与子类的关系；如物质—动物—水生的、陆生的、飞鸟，陆生的又可分为食草的、食肉的、杂食的……

材料：丰富的动物卡片（山羊、虎、狮子、长颈鹿、兔子、麻雀、喜鹊、天鹅、鸡、鸵鸟、海豚、海龟、金鱼、扇贝）。

操作：逐一出示图片，问：“这是什么？”“所有这些都是什么？”“这些动物还可不可以分成几类？怎么分？”

每个孩子一套图片，进行分类。然后问孩子：你是怎么分的？每一类动物有什么共同点？不同类之间有什么相同和不同？给每一类动物命名（兽类、鸟类、水生动物）。

2. 用彩泥制作简易物质图谱（具体操作如前）。

3. 用绘画制作简易物质图谱（具体操作如前）。

第五阶段——物质分类之三

1. 观看合适的视频，感受并“讨论”：固体、液体、气体（物质在物理学上的分类）。

2. 通过做一个有趣的实验，体会同一物质的不同形态之间的转化：冰—水—气。

材料：冰块（小方块）每人一块，装冰块的透明小塑料盒每人一个，纸巾。

操作：给孩子看冰块，问他们，这是什么？把它装在杯子里，在教室里放一段时间会发生什么变化？你是怎么知道的？

每人用小塑料盒装一块冰，观察它的变化。过程中可以让孩子用手摸一摸冰块，让孩子说出冰块是什么样的（硬硬的，冰冷的，透明的，等等）。

让孩子用纸巾把手上的水擦干，或者直接用纸巾沾一些水。问孩子，纸巾有什么变化？（沾上水变湿了。）纸巾不要扔，展平放在桌面上，或用架子挂起来。问孩子，过一段时间，纸巾会有什么变化？为什么？纸巾上的水哪儿去了？

还可以在教室里放一烧杯水，跟孩子们一起观察和记录水面的高度。让孩子们猜测，三天以后，水面高度会不会有变化？三天后跟孩子们一起检查水面高度，讨论发生了什么变化。

3. 实验：糖去哪儿了？

材料：白糖，盐，面粉，水杯。

操作：问孩子，把白糖放进水里会怎样？然后每个孩子用自己的饮水杯（透明的）装一些水，放进一小勺白糖，观察糖的变化。等到糖都溶解了，问问孩子们，糖去哪儿了？（还在水里，只是看不见了。溶解了，水就变甜了。）大家可以把甜甜的糖水喝掉。

再拿出盐和面粉，让孩子猜测它们会不会溶解在水里，然后动手操作。

4. 实验：沉，还是浮？

材料：石子，螺钉，小块积木，乒乓球，一个较大的水槽（最好是透明的）。

操作：问孩子，把石子、螺钉、积木、乒乓球放进水里会怎样？然后动手实验。让孩子自己选择其他材料进行探索。

5. 闻和品尝：酸、甜、苦、辣、咸等。

材料：糖水，盐水，醋，蒜汁，苦瓜汁。

操作：妈妈做饭的时候准备了各种调料，有糖水、盐水、醋、蒜汁、苦瓜汁，你能辨认出它们吗？你要怎么做？讨论后，先让闻，然后再品尝。

第六阶段——物质分类之四

1. 收集记录教室内所有物体的"名称"，画出示意图，尝试进行分类，并"解释"如此分类的理由。（属于"混合分类"：有些标准可能是上面提到的物质分类标准，而有些标准则可能是"功能性"。）

材料：卡片纸，水彩笔或蜡笔，画纸，胶水。

操作：寻找教室里的"物品"，找到一样，就把它画在一张卡纸上。搜集尽量多的"物品"，然后让孩子们用自己的卡片给这些物品分类。把所有卡片纸贴在画纸上，同一类物品的卡片贴在一起。每个孩子向大家讲解自己分类的结果和理由。

第七阶段——积木分类之一

单一因素分类：以颜色为标准，以形状为标准，以材质为标准……重点体会：对于同一堆物体而言，标准不同，分类就不同。

材料：不同颜色、形状、材质的积木，每人一组。画纸，画笔。

操作：先跟孩子讨论，给这些积木分类，可以怎么分？再让孩子拿出积木，按照某一个标准将积木分类。用每一类积木搭建一座城堡或其他造型。最后，将上述分类"城堡"画出来，用作品装饰教室。

第八阶段——积木分类之二

双因素分类：颜色与形状等。

材料：不同颜色、形状的积木，每人一组。画纸，画笔（水彩笔或油画棒）。

操作：先让孩子将积木按颜色分类，再跟孩子讨论某一颜色的积木还能不能再分类，可以怎么分？比如将所有红色积木再分成红色圆柱、红色长方体、红色正方体等。让孩子将其他颜色的积木也按同样的方法再分类。最后，用彩色画笔将上述分类情况画出来，用作品装饰教室。

第九阶段——围棋游戏之一

1. 将黑、白两堆围棋子摆成各种各样的形状，先让儿童判断哪种颜色的棋子多，然后，再让儿童判断较多的白（或黑）棋子与围棋子的多少。

2. 用白棋子摆三个较小的基本一样大小的圆形，用黑棋子摆一个较大的圆形，先让儿童判断是小圆多一些，还是大圆多一些？然后追问：是小圆多一些，还是圆形多一些？

3. 在操作中思考圆形、方形和图形之间的包含关系。

第十阶段——围棋游戏之二

1. 用黑色或白色彩泥做成围棋子，让儿童自由分堆，数出每堆的个数，用彩泥制作出对应的“加法算式”（不提“加法”，只提“合并”，且结果小于 10）。

2. 用黑、白两色彩泥各做几个围棋子，分堆—合并，用彩泥制作相应的“加法算式”（不提“加法”，只说“合并”）。

二、排序游戏

在感知运动阶段（0—2 岁）晚期，儿童已经对两个物体的大与小、长与短有所意识，这是儿童序结构逻辑运算的源头。进入前运算阶段（3—6 岁），随着儿童的抽象思维能力的发展，他们逐步摆脱视觉的局限和控制，序结构获得了长足的进步。

（一）游戏活动

游戏 4　小棍排序

游戏材料：10 根长度依次相差 1 厘米的小棍。

游戏步骤：引导儿童将小棍按长短顺序排成一列。

游戏目的：协助儿童建构和发展排序的能力。

适龄儿童：3—6 岁。

游戏参与者 1：M3（3 岁 5 个月）。

游戏过程：

老师：“你可以把它们从长到短排成一排吗？”

M3："我全部都要拿走哦。"

老师："排好队再拿走，好吗？"

M3："好吧。"她拿出两根较长的小棍，在手里搭成人字形，并说："这是爸爸，这个是妈妈。"过了一会儿，又把最长和最短的两根小棍拿在手中说："这根长的是爸爸，这根短的是妈妈。"

老师："我给你一支笔，你把这些小棍按照长短顺序在纸上画出来好吗？"

M3："好啊。"M3画出的结果如下图所示。

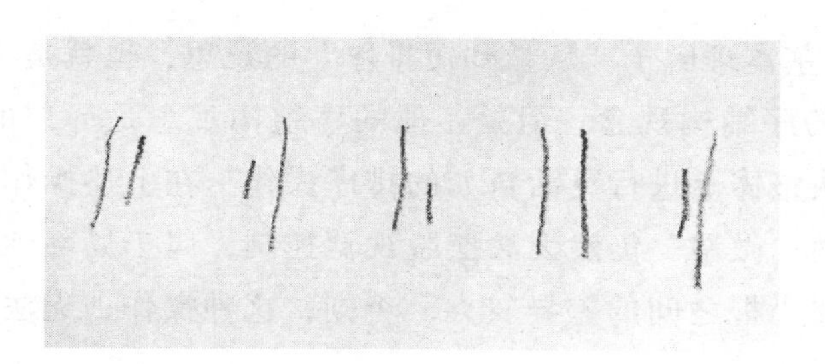

分析：显然，M3还不能理解"把10根小棍从长到短排列"的真实意思。对于"长"或"短"这样的数量问题，她只能进行"定性描述"，也就是"这根长一些"，或者"那根短一些"，她甚至不能对两根小棍之间的长短关系进行比较，也就是说，她还不能用准确的"逻辑化"语言，对两根小棍的长短关系进行描述，如"这一根比那一根长一些或短一些"。不过，在具体的操作中，她却可以将两根小棍的关系"摆出来"。事实上，她当下的序结构认知发展水平，也就停留在这种"两根一组地摆出来"的水平上，这是序结构发展的初始水平。

游戏参与者2：小林（4岁10个月）。

游戏过程：

老师："你可以把这些小棍从长到短排成一排吗？"

接到任务之后，小林把小棍攥成一把，眼睛聚焦于这把小棍的上端，依次从长到短取出小棍。然而，整个操作过程中，他只关注到上端的长短问题，却无视这把小棍的下端是否平齐，最后摆出的结果如下图（图左）所示。在老师的提示下，他感觉自己的操作存在问题，所以，他依靠视觉进行了调节，最后的结果如下图（图右）所示。

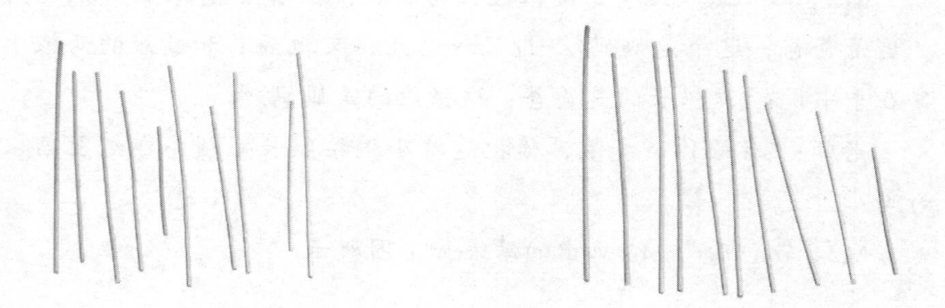

分析：小林已经基本理解了“从长到短排序”的意思，也就是说，他已经拥有了初步的序结构观念。但是，他的序结构观念是局部的、静态的，他还不能从整体上进行灵活自如的排序操作。在上述操作过程的最后阶段，他的“微调”仍然无法摆脱视觉控制，属于局部性的视觉活动。除非相邻小棍之间的差异较大，否则，这种操作，无法从本质上克服视觉误差。

游戏参与者3：小瀚（5岁5个月）。

游戏过程：

老师：“你可以把这些小棍从长到短排成一排吗？”

小瀚接到任务之后，他先将10根小棍攥成一把，往桌面上碰一碰，确保这把小棍的下端是对齐的，然后，他在另一端从长到短依次取出小棍摆在桌面上，而且，他还有意识地保证了桌面上10根小棍的一端也是对齐的。最后的结果如下图所示：

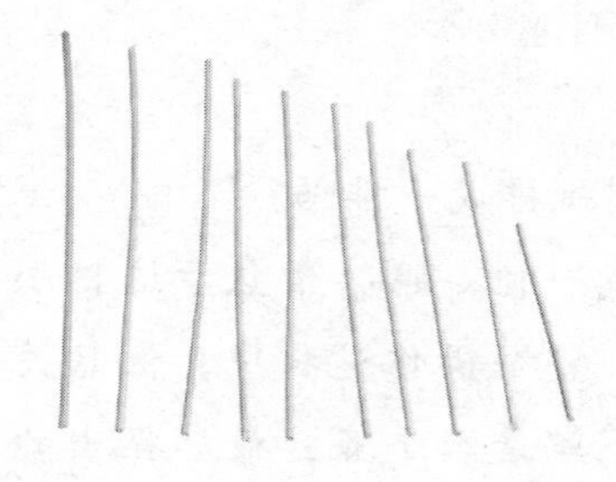

分析：在小瀚的内在认知结构中，序结构的观念是稳定的，所以，他运用自己的序观念解决问题时也是自如的。他已经理解了蕴含在序结构之中的“传递性”：他取出的每一根小棍（最长和最短的除外）都比前面取出的小棍短，同时又比他还没有取出的小棍长，这种“传递性”，确保了他的排序活动具有逻辑上的必然性和确定性。不过，这里的传递性，仍然蕴含在具体的操作活动之中，还不能完全摆脱视觉的影响。

序结构也是一个比较复杂的逻辑问题，涉及的范围较广。单从建构长短排序观念的角度讲，上面三个儿童清晰地展示了萌芽期、生长期和成熟期的特点。

游戏 5 非等量关系传递

游戏材料：3 根长度依次相差一厘米的木棍。

游戏步骤：

1. 让儿童观察长度不相等的木棍 A、B，并回答二者的长短关系。
2. 隐藏木棍 A，出示最长的木棍 C，请儿童回答 B、C 的关系。
3. 继续询问木棍 A 与 C 的关系。
4. 不提供木棍（实物），而直接用对话的方式，重复上述游戏过程。

游戏目的：协助儿童建构和发展非等量关系传递性的观念。

适龄儿童：5—7 岁（已过 4 岁生日，未过 7 岁生日）。

游戏参与者 1：小明（4 岁 2 个月）。

游戏过程：

老师：“这两根木棍谁长一些？”（出示木棍 A 和木棍 B，二者相差一厘米）

小明随意地比画了一下说：“木棍 B 长一些。”

老师请他先闭上眼睛，然后隐藏木棍 A，同时出示木棍 C，让小明睁开眼睛，问道：“这两根木棍谁长一些？”

小明：“木根 C 长一些。”

老师：“刚才那根木棍 A 与这根木棍 C 相比，谁长一些呢？”

小明想了想说：“木棍 C 长一些。”

老师：“为什么呢？”

小明："就是木棍 C 长一些，没有为什么！"

游戏参与者 2：小瀚（5 岁 6 个月）。

游戏过程：

老师："木棍 A 与木棍 B 的长度是什么关系？"（出示木棍 A 和木棍 B）

小瀚把两根木棍拿在手中比了一下，然后说："这根（A）比这根（B）短一些。"

老师当着小瀚的面，将木棍 A 藏了起来，并出示木棍 C，问道："木棍 B 与木棍 C 的长度是什么关系呢？"

小瀚再次把两根木棍拿在手中比画了一下，然后说："木棍 B 比木棍 C 短一些。"

老师："那么，木棍 C 与刚才那根木棍 A 的长度是什么关系呢？"

小瀚："木棍 A 比木棍 C 短。"

老师："为什么呢？"

小瀚："因为木棍 C 是最长的，所以它当然也比木棍 A 长啊。"

老师："那么木棍 B 与木棍 A 和木棍 C 是何关系呢？"

小瀚："木棍 B 比木棍 A 长一些，但是它比木棍 C 短一些。"

一天后，我没有出示木棍，而是改为直接对话。有意思的是，在对话过程中，小瀚居然说"木棍 A 是小瀚，木棍 B 是妈妈，木棍 C 是爸爸"，抽象的非等量传递性问题，居然被他以"开玩笑"的方式解决了。

分析：对于小明来说，他的判断是依靠视觉的。当他最后说"就是木棍 C 长一些，没有为什么"时，正是他当下认知水平的真实显现：他依靠在脑中浮现出的木棍 A，进而得出正确的判断。在这个判断过程中，本来没有被隐藏的木棍 B，却被他在无意识中"隐藏"了，作为中介的木棍 B，丧失了它的传递性功能。而对于小瀚来说，他一开始启动的认知模式与小明差不多，但是在老师的追问下，他及时恢复了木棍 B 的"中介地位"，从而使非等量关系的传递过程得以显现。非等量关系（包括后面的等量关系）的传递性，是衡量儿童认知结构中的序结构发展是否成熟的重要标志之一，儿童总是在交互性的学习活动中，经

历“无意识的感知活动—视觉判断—初步逻辑判断”三个小阶段，从而在 6 岁左右建构生成较为稳定的序结构。

游戏 6 等量传递

游戏材料：3 根长度相同的木棍。

游戏步骤：

1. 请儿童观察长度相等的木棍 A、B，并回答二者的长短关系。
2. 隐藏木棍 A，出示同样长度的木棍 C，请儿童回答 B 与 C 的关系。
3. 继续询问木棍 A 与 C 的关系。
4. 不提供木棍（实物），而直接用对话的方式重复上述游戏过程。

游戏目的：协助儿童建构和发展等量关系传递性的观念。

适龄儿童：5—7 岁。

游戏参与者 1：小明（4 岁 2 个月）。

游戏过程：

老师：“木棍 A 与木棍 B 的长度是什么关系？”（出示木棍 A 和木棍 B）

小明把两根木棍拿在手中摆弄了好一会，然后说：“这根（A）长一些。”

老师：“为什么？”

小明：“我感觉它长一些。”

老师：“我们让两根木棍比比高矮好不好？”当老师把两根木棍放在一起的时候，木棍 A 的一端由于制作时的“误差”，稍稍冒出了一点点儿几乎可以忽略不计的“小尖头”，小明再次“确定”地说：“就是木棍 A 长一些啊。”老师只好用剪刀将木棍 A 稍微修理了一下，直到小明承认两根木棍是“一样长的”。

然后，老师将木棍 A 藏了起来，并同时出示木棍 C，问道：“木棍 B 与木棍 C 的长度是什么关系呢？”

有了刚才的经验，小明稍作比较之后，没有在“误差”上过多地“纠缠”，而是直接说：“它们一样长。”

“那么，木棍 C 与刚才那根木棍 A 的长度是什么关系呢？”

小明想了一会说："我不知道。"

游戏参与者 2：小瀚（5 岁 5 个月）。

游戏过程：

老师："木棍 A 与木棍 B 的长度是什么关系？"（出示木棍 A 和木棍 B）

小瀚把两根木棍拿在手中比了一下，然后说："它们一样长。"

我当着小瀚的面，将木棍 A 藏了起来，并同时出示木棍 C，问道："木棍 B 与木棍 C 的长度是什么关系呢？"

小瀚："它们也是一样长的。"

老师："那么，木棍 C 与刚才那根木棍 A 的长度是什么关系呢？"

小瀚："当然也是一样长的。"

老师："为什么呢？"

小瀚："因为它们都跟这一根（木棍 B）一样长啊。"

一天后，我没有出示木棍，而是改为直接对话，小瀚有时需要"思考"一下，整个过程不如前面流畅，但他显然已经理解了"等量的传递性"。

分析：小明一开始判断"木棍 A 长一些"，并不是因为"误差"，而是因为他完全受控于视觉判断，也许在他看来：木棍 A 的一端"突出一些"（而另一端事实上并没有对齐），所以，木棍 A 自然就长一些。在老师的启发下，他尝试对两根木棍"比高矮"，他对几乎可以忽略不计的"误差"的过度关注，恰恰说明，他的长度观念暂时还无法摆脱视觉控制，这种情况也直接导致当木棍 A"消失"后，他就无法判断木棍 A 与木棍 C 的长短了。而对于小瀚来说，他几乎可以摆脱视觉的影响，特别是一天之后的表现说明，小瀚可以摆脱具体的物体，而在"抽象"的层面上理解等量的传递问题。其实，对于儿童来说，"等量传递"问题要比"非等量传递"问题难度大一些，因为儿童在与客观世界交互的过程中，他们总是首先被各式各样的"差异"所吸引，同样因素总是要更加"抽象"一些，它们总是"隐藏"在形形色色的差异背后。

上述三个游戏活动，可以清晰地展示 3—6 岁儿童序观念的建构生

长过程。最初，儿童只能以不同的标准，将一组物体（比如十根长度不一的木棍）分成若干组，把各组摆在一起就算完成了排序。这个阶段属于儿童序结构发展的萌芽期。

随后，儿童能够在成人的提示和引导下，通过反复试错，完成一个排序任务。而且，在一个从短到长的排序中，他能够依靠视觉，判断其中任何一根木棍，都比它前面的木棍长，同时还比它后面的木棍短。这个阶段，属于儿童序结构发展的生长期。

最后，儿童几乎不需要成人的提示，就可以在具体的实物操作中，顺利地完成一项排序任务。他不仅知道自己有一个兄弟，就是弟弟小明，而且他也知道小明也有一个兄弟，就是自己。他能够暂时摆脱具体的活动和物体，形成形式化的、整体性的序结构。儿童此时已经具备了建构科学数观念的可能性。这个阶段，属于儿童序结构发展的成熟期。

处于萌芽期和生长期的儿童的表现，在父母或老师的眼中，显然是不完美的。但是，对于儿童自身的认知发展来说，却是极其正常，甚至是极其完美的——这是我们丧失已久、当下迫切需要及时找回的"儿童视角"！在萌芽期，父母和老师可以给儿童提供大量的有关高与矮、长与短、粗与细、轻与重等排序游戏。重要的是，在多姿多彩的游戏活动中，丰富儿童的感觉，积累儿童有关排序问题的操作性经验，而绝不是灌输成人眼中的"标准答案"。试图过早给予标准答案的教育，只会激发儿童的反感与憎恶，慢慢地就会钝化甚至是扼杀儿童探索世界的灵性！

在生长期，父母和老师可以增加适当的提示语，比如：有没有办法将这些小棍的一端对齐呢？儿童也许就会心领神会地去探索新方法，也许他仍然会无视你的提醒或者探索无果，不管是哪种情形，成人需要做的，都是智慧且耐心地等待、守望和充满爱意地陪伴。

当儿童序观念进入成熟期时，父母和老师就要明白，儿童已经为形成科学的数观念做好了相应的准备。

（二）将游戏活动变成课程

本单元的课程主题是“排序”，共分为八个阶段，下面依次略作说明。

第一阶段——单元主题故事和主题歌

1. 十二生肖的故事。

2.Do Re Mi。

第二阶段——按大小和长短排序

1. 彩泥球和彩泥条排序。

材料：一个较大的硬纸板，若干彩泥。

操作：（1）每个儿童自由地捏制 3—5 个彩泥球。

（2）大家围成一圈，通过共同“评判”，将彩泥球按从大到小的顺序排成一行或者是“S”形。

（3）每个儿童再用彩泥制作 3 根长短不一的彩泥条。

（4）通过共同“评判”的方式，将彩泥条按照从长到短的顺序排成一行或者“S”形。

（5）请儿童对着大家一起创作的“艺术品”静静地“冥想”，想出当时最想对它说的一句话，让老师代替写在纸板上，并请儿童在对应的位置签上自己的名字（也可请老师代写）。

（6）用制作好的作品装饰教室。

第三阶段——按粗细和高矮排序

1. 大树排序。

材料：每人一张彩纸（半张 A4 纸大小），绿色彩纸若干，一个较大的硬纸板，剪刀，胶水。

操作：用彩纸卷成纸筒做树干，用胶水黏好。用绿色的彩纸对折，剪成两个一样的树冠，用胶水把它们黏在树干顶上。在树干底部纵向剪开一些小口，向外翻折（翻折处涂上胶水，黏在硬纸板上即可固定）。在固定之前，先请大家一起将大树从粗到细排成一行；再将大树从高到

矮排成一行。选择一种排序方式，将大树固定在硬纸板上。

2. 其他各种排序游戏。

（1）声音：由弱到强，或由强到弱（可用发音盒或钢琴等）；弦乐器，根据弦的粗细、长短，听乐音的变化。

（2）重量：找5个相同的易拉罐，在里面装上不同重量的沙子。

（3）颜色：七色，由暗到明。

（4）液体的量：7个透明玻璃杯，装上不同数量的水。

（5）俄罗斯套娃：嵌套顺序。

（6）画笔倾倒：一根画笔原本竖直地立在桌面上，现在让它向一个方向倾倒，那么，画笔在每一个瞬间都会在空间留下一个位置，用图片展示，就像电影里的慢镜头一样，只不过先打乱顺序，请儿童重新排序。

（7）对一天之内所发生的事件排序。

第四阶段——游戏活动1

基本类似上述游戏，只是将“大小”与“长短”，“粗细”与“高矮”按顺序对应上，既配对又排序。（当然，也可以“最大”对“最短”、“最粗”对“最矮”……）

第五阶段——游戏活动2

1. 在操场上，全班同学按高矮排序；解散之后，再请儿童快速按照高矮顺序排队。

2. 用小卡片制作写有1—10的数字卡，让儿童自由选择一张卡片，然后依所选数字的顺序排成一列。老师边询问儿童卡片上的数字，边引导儿童说出他在队列中的位次：第一个，第二个，第三个……然后请儿童依次举起自己“号码”卡片，并大声说：我是第一个，我是第二个，我是第三个……

第六阶段——节奏与序列

材料：桌子（或鼓）。

操作：先由教师示范用手拍桌面（或敲鼓），拍出轻重和节奏：重—稍重—轻，重—稍重—轻，重—稍重—轻。根据需要进行分解示范和讲解：重，整个手掌用力拍桌面；稍重，四指稍用力拍桌子边缘；轻，用三个指尖轻拍桌缘。（这样在动作上稍作区别，也容易把握力度的变化。）引导儿童反复练习，直至最后全班形成一致的轻重节奏。

按照“轻—稍重—重”的节奏再玩一次。

用脚跺地，重复上面的游戏。

根据情况，可以继续“重—轻—稍重—轻”的“四拍”节奏游戏。

第七阶段——数字制作

1. 彩泥数字。

材料：彩泥（不干），硬纸板（直径 5 厘米圆形，或边长 5 厘米方形，每人 10 个），胶水。

用彩泥制作阿拉伯数字 1—10，分别固定在硬纸板上。将数字从 1—10 排好序，并依次规定为第一个数字、第二个数字……第十个数字。根据老师发出的口令举起数字，比如：老师说“第三个数字”，所有儿童迅速拿起“3”。

2. 用牙签（或小木棍）制作数字。

材料：去掉尖的牙签若干，硬纸板（直径 5 厘米圆形，或边长 5 厘米方形，每人 10 个），剪刀，胶水。

用牙签制作阿拉伯数字 1—10，用胶水分别固定在硬纸板上。将数字从 1—10 排好序，并依次规定为第一个数字、第二个数字……第十个数字。根据老师发出的口令举起数字。

游戏结束后，用数字“作品”装饰教室。比如：用线将 1—10 数字卡片串起来，悬挂在教室里，像拉花的效果。

第八阶段——序数与基数

先在纸板上写出数字 1—10，然后用彩泥做成一样大小的小球，在数字 1 的上方放一个小球，在数字 2 的上方放两个小球……然后教师用 PPT 播放，比如，4 个小球摆成一列，询问儿童：在你刚才制作的图

案中，这是第几个图案？它包含了几个小球？儿童就会回答：第四个图案，有 4 个小球……

制作“艺术品”，装点教室。

三、计数游戏

历史的发展脉络告诉我们，人类在学会精确计数之前，首先学会的是“一一对应”。计数是对物体数量的准确计量，而“一一对应”关注的不是“具体数量的多少”，而是两堆物体的数量“是否一样多”，从人类生存发展的角度讲，后者比前者更重要，所以也更早地进入人类的智慧发展领域。但是，在今天的现实生活中，成人认为计数实在是一个过于简单的问题，往往会“逼着”年幼儿童直接进入机械计数阶段，这其实并不符合儿童的认知发展规律。

（一）游戏活动

游戏 7 一一对应

游戏材料：围棋子。

游戏步骤：

1. 给 9 颗黑棋子找朋友。

2. 给 13 颗黑棋子找朋友。

3. 给 20 颗黑棋子找朋友。

游戏目的：协助儿童建构“一一对应”观念。

适龄儿童：3—5 岁。

游戏参与者 1：冬冬（4 岁 7 个月）。

游戏过程：

老师拿出 9 颗黑棋子，一个挨一个地排成一行，问：“冬冬，你能给每个黑棋子找一个白棋子做朋友吗？”

冬冬答应了，开始摆白棋子，也是一个挨一个地排成一行，但是，两行棋子之间有一定距离，直观感觉并不是“一一对应”或“配对”。

老师觉得可能是自己的表达不够明确，于是提示：“好朋友要手拉手一起走才行。”

冬冬开始移动白棋子，一个白棋子挨着一个黑棋子，直到 9 颗黑棋子都有白棋子与之对应。（如下图）

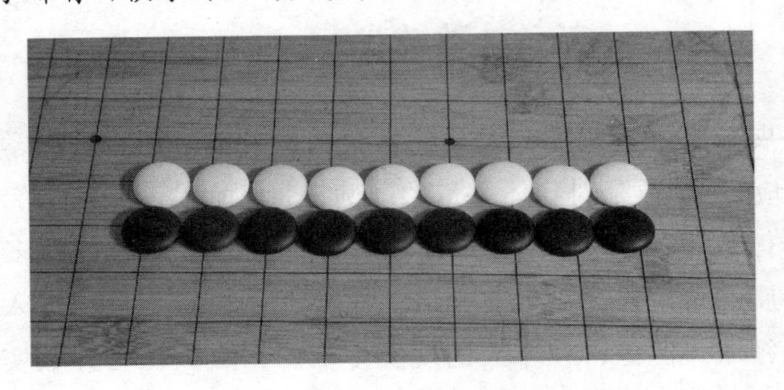

老师问：“我们再来给更多的黑棋子找朋友好不好？”

冬冬：“好！”

老师拿出 13 颗黑棋子，拉开一定距离地排成一行，让冬冬给它们找朋友。

冬冬两只手一手拿一颗白棋子，从中间的两颗棋子开始配对，一边做一边说：“我有好朋友啦！哎呀，我还没有朋友呢！”直到全部完成。（如下图）

老师问：“冬冬，你知道现在一共有几颗黑棋子吗？”

冬冬：“我来数数。”（用手点着棋子数起来）1，2，……14。（她数到 12、13 的时候，没有点准棋子，多数了一次。）

老师问：“那一共有几颗白棋子呢？”

冬冬："1，2，……13。"（用手点着棋子数起来。）

老师问："一共有几颗黑棋子呢？"

冬冬："1，2，……13。"（用手点着棋子数起来。）

老师问："黑棋子和白棋子一样多吗？"

冬冬："一样多。"

老师准备增加一点儿挑战性，所以拿出20颗黑棋子，堆成一堆放在桌上，问："冬冬，你能拿出一些白棋子，让它们和黑棋子一样多吗？"

冬冬："不能。"

老师问："为什么？"

冬冬："它们可能会多一些或者少一些。"

老师："可是，只有一样多，它们才能手拉手一起走呀！"

冬冬开始把黑棋子摆成排，一个挨一个地摆，因为比较多，摆到最后五六颗的时候，自然而然就拐了弯。然后拿出白棋子，跟黑棋子有一点儿距离地摆成排，似乎在尽力让它们一个对着一个。前面大部分还差不多都能对上，但是到了拐弯处就没法对上了。当白棋子的队尾跟黑棋子队尾看齐的时候，冬冬认为完成了。（如下图）

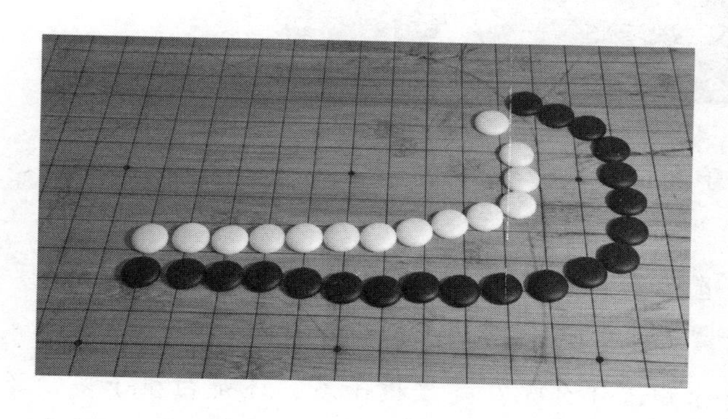

老师问："现在黑棋子和白棋子一样多吗？"

冬冬："一样多。"

老师："那你检查一下吧。"

冬冬开始数白棋子，15颗（她又多数了一次，实际是14颗）。然后再数黑棋子，20颗（这次数对了）。

老师问："一样多吗？"

冬冬："不一样。"

老师问："那怎么办呢？你想想办法吧。"

冬冬摆弄着棋子，忽然领悟到什么，同时拿一黑一白两颗棋子，把它们推到旁边，说：它们手拉手走了。然后继续这个动作，把一对一对的棋子推到旁边。最后还剩下6颗黑棋子。冬冬好像终于发现了"真理"一样地说："真的多出来了呀！"

老师："那就给它们也找到好朋友吧！"

冬冬拿出白棋子，跟黑棋子一对对地配起来，说："它们都有好朋友了，越来越开心了！"（结果如下图）

老师问："黑棋子和白棋子一样多吗？"

冬冬："一样多。"

老师问："你知道有多少黑棋子，多少白棋子吗？"

冬冬："不知道。"（其实刚才数过，可能忘了。）

老师问："但是你知道什么呢？是黑棋子多，还是白棋子多，还是一样多呢？"

冬冬："一样多。"

（老师的反思：我应该再追问一下，你怎么知道黑棋子和白棋子一样多？可是当时没想到。）

分析：这是一个非常有趣的游戏。冬冬表现也超级棒！从老师的角度，提出两点小小的建议：

1. 如果目的是评估儿童“一一对应”观念的发展水平，那么围棋子的数目最好不要太多，因为对于4岁半的儿童来说，围棋子超过10颗，估计就有点儿枯燥了。

2. 就“一一对应”的观念而言，判断黑棋子和白棋子是否一样多的方法，不应该是引导或鼓励儿童去数数，而应该引导儿童去检查“所有的棋子是否都已经手拉手，找到了自己的朋友”。因为一旦所有的黑棋子和所有的白棋子都已经“手拉手”了，按照“一一对应”的原理，儿童就应该知道黑棋子和白棋子是一样多的。这跟古希腊神话中独眼巨人牧羊的故事是一个道理：一旦石子和羊之间建立了一一对应的关系，巨人就知道自己的羊都回来了。他根本不必去计数的，因为比起“自己有多少只羊”，他更关心的是“自己的羊是不是都回来了”。

其实，“一一对应”是一个非常古老的观念，儿童几乎是通过“遗传”而直接获得的。所以，在日常生活中，“一一对应”观念不仅非常容易被唤醒，而且，也可以以日常概念的形态，在日常生活中获得自然的运用。从早上起床开始，“一一对应”观念就与儿童如影随形了：穿衣服的时候，左胳膊进左衣袖，右胳膊进右衣袖，衣服上的纽扣也需要一一对应，否则就会闹笑话，而左右脚也必须与鞋子对号入座；吃早餐时，一人对应一把椅子，一双筷子对应一个碗；赶到学校时，一人对应一个座位，而每一个固定的时间都对应着一节相应的课程；自由玩耍的时候，每个玩具车都对应着一个具体的盒子，每一个宠物狗也都对应着一个确定的狗舍……“一一对应”观念是如此常见和普遍，以至于儿童只管自由、随意使用，甚至根本就不知道它的“真姓大名”。

但是，也许正是因为“一一对应”观念的这种“亲民”的色彩，使得它同时也具有以下两个特点：

首先，作为日常概念，它在平常生活中的应用水平并不高。独眼巨人在运用“一一对应”观念时，他的目的并不是计数，而是为了判断羊是否全部归来，也就是判断羊的个数与石子的个数是否一致。而在我们的日常生活中，不管儿童还是成人都仿佛已经遗忘了“一一对应”观念的计数功能。我们从前面描述的游戏过程中，就可以看出这一点。

其次，作为一个日常概念，其本身也具有很强烈的模糊性。大家往往对“一一对应”观念存在着一种误解，认为“一一对应”就应该是一个一对应着另一个一，其实并非如此。吃饭的时候，一人对应一个碗，但他同时还可以对应着一把椅子、一双筷子、一个叉子、一个餐碟、一个饮料杯……家里有5个花瓶，可以每个花瓶对应1朵玫瑰花，当然也可以每个花瓶对应2朵或者3朵或者10朵玫瑰花。你还可以让第一个花瓶对应1朵玫瑰，第二个花瓶对应2朵玫瑰，第三个花瓶对应3朵玫瑰……这一切都是广义的“一一对应”，即便是在可见的、具体的物理世界中，也大可不必限定“一一对应”中的“一”必须是一个具体的对象，它完全可以是由几个物体构成的一个集合。当然，日常概念本身就不可避免地带有模糊性，以上这些提法，并不是要一个5岁左右的儿童掌握的“一一对应”的观念，而是从日常概念的发展性的角度，做一些澄清。

游戏8 由序数推断基数

游戏材料：一个放在高处的红色盒子（R），装上9颗黑色围棋子（较大儿童可以超过10颗），一个放在低处的白色盒子（B）没有棋子，用一根管子或者简易滑道连接两个盒子，可将R中的一个围棋子拿出来顺着管子滑落到B中。

游戏步骤：

1. 在第5次滑落之前，问儿童：B中有多少颗棋子？R中有几颗棋子？

2. 请儿童实际操作滑落棋子的动作，并在第5次滑落之前，将两个盒子都用布盖上，然后提出同样的问题。

游戏目的：协助儿童建构和发展由序数推断基数的能力。

适龄儿童：5—7岁。

游戏参与者：小瀚（5岁5个月）。

游戏过程：

红色盒子中放了12颗棋子（有意增加了一点儿难度）。

首先，老师给小瀚详细地讲解了整个游戏装置，然后，老师请他认真观察老师的动作。而老师一边缓慢清晰地操作，一边说：“现在我

让第1颗棋子滑下去，第2颗，第3颗，第4颗……”稍微停顿一下之后，老师拿着第5颗棋子继续说：“小瀚，我现在马上要让第5颗棋子滑下去了，不过，你知道此时白色盒子中有几颗棋子吗？”

小瀚：“4颗。”

老师：“为什么？”

小瀚：“你要是把第5颗放下去，它里面就有5颗棋子了，但是你没有放，那肯定就是4颗啊，这个太简单啦。”

老师：“那红色盒子里还有几颗棋子呢？”

小瀚：“让我数一数吧。”

老师：“如果你既不能查看，也不能去数，你有办法知道吗？”

小瀚想了想说：“那我就没办法了。”

老师：“我们现在准备将第5颗棋子滑下去，那么，红色盒子中还剩下几颗棋子呢？”

小瀚：“应该是第6颗、第7颗、第8颗……一直到第12颗。”然后，他一边口中念念有词，一边掰自己的手指数了起来，最后兴奋地说：“红色盒子里还有7颗棋子。”然后，他又自己玩了一遍。

分析：从前面一个问题可以看出，小瀚可以通过序数，推断出相应的基数（第5颗棋子之前一共有4颗棋子）。而从后一个问题来看，由于他还没有正式学习减法运算，所以，他第一反应是去数一数。在得知不能数的情况下，他能够将第6颗一直到第12颗棋子，分别看成是“用序数进行命名”的具体的棋子，然后通过手指计数，得到正确结果。

另外，老师还找到了4岁1个月的小安和6岁4个月的小佳来玩这个游戏。对于游戏中的前一个问题，小安直接说：“不知道。”当老师提示“可以数一数”时，他能够回答B盒子中有4颗棋子。但是，即便经过提示，他也仍然无法回答R盒子中有几颗棋子。

如上事实说明：此阶段儿童的数观念，还处于起步阶段，他们一般都会数数，而且看似具有序数的含义，但是他们实际并不具备正确的序数观念，他们数着“1，2，3，4……”，实际上，跟他们对着玩具屋说“小汽车、大卡车、气球……”没什么两样，所谓的“数”只是一个“名字”而已。对于小佳来说，她可以准确地回答游戏中的问题。

她具有较为准确的数观念，对两个子集（R 与 B）的关系，以及子集与总集（T=R+B）之间的关系，也是基本清楚的。而且，她不需要借助任何工具（包括手指），而是直接根据加减法运算，就能快速准确地得到答案。

游戏 9 由基数推断序数

游戏材料：一个放在高处的红色盒子（R）中装有 12 颗黑色围棋子（对于较小儿童可以不超过 10 颗），一个放在低处的白色盒子（B）中没有围棋子，用一根管子或者简易滑道连接两个盒子，每一次可将 R 中的一颗棋子拿出来顺着管子滑落到 B 中。

游戏步骤：

1. 问儿童：如果你打算让 8 颗棋子从 R 中滑落到 B 中，一次只能滑落一颗棋子，那么第八次滑落之后，还有哪几颗棋子在 R 中？

2. 请儿童实际操作滑落棋子的动作，并在第 4 次滑落之前将两个盒子都用布盖上，然后提出同样的问题（如果儿童可以非常顺利地回答第一个问题，第二个问题也可以略过）。

游戏目的：协助儿童建构和发展由基数推断序数的能力。

适龄儿童：5—7 岁。

游戏参与者：小瀚（5 岁 5 个月）。

游戏过程：

首先，老师给小瀚详细地讲解了整个游戏装置，然后，老师请他认真观察老师的动作。而老师一边缓慢清晰地操作，一边说："1 颗，2 颗，3 颗，4 颗……8 颗。"稍微停顿一下之后，老师说："小瀚，现在一共有 8 颗棋子滑下去了，你知道红色盒子中还剩下哪几颗棋子吗？"

小瀚："还剩下第 9 颗、第 10 颗、第 11 颗、第 12 颗。"

老师："好，你现在自己动手操作一次吧。"当他把第 4 颗棋子滑进白色盒子里之后，老师问道："现在白色盒子里装的是哪几颗棋子？"

小瀚："是第 1 颗、第 2 颗、第 3 颗和第 4 颗。"

老师："红色盒子里还剩下哪几颗棋子呢？"

小瀚："还剩下第 5 颗、第 6 颗、第 7 颗……一直到第 12 颗。"

分析：不难看出，"由基数推断出序数"比"由序数推断基数"要容易一些，因为前者并没有涉及具体的算术运算（如减法）。总体来看，对于这个阶段的儿童而言，在他们内在的认知结构中，类结构和序结构不再是彼此孤立的，而是在相互之间建立起了初步的联系，这是他们下一步建构生成科学数观念的"前兆"。

一般来说，序数是指一组排列中的一个排列，这组排列中的每一个排列，都由其前一个排列的基数确定，如"第 8 "的意思就是：它前面的那个排列的基数为 7 。这表明基数和序数是相互依赖、相互蕴含的。一方面，序数蕴含着基数，因为任何一个排列所具有的意义，都是由其前一个排列的基数所决定的。另一方面，基数蕴含序数。因为在集合元素等价的情况下，区分它们的唯一办法，就是以某一确定的次序，把它们列举出来。

其实，比数观念更早萌芽的是"一一对应"的观念，对于远古人类而言，他们在还没有学会计数的情况下，已经学会了运用"一一对应"的方法，解决日常生活中的某些棘手问题。就单纯的数观念而言，人们通常会从客观的角度，认为"基数"是指一个集合的数量特征（而忽略其他一切物理性质），而跟集合元素的物理特征和计数顺序无关。但是对于儿童而言，基数却不是客观的，它是儿童对自身活动的内化和抽象，而不是对客观物体的直接抽象。也就是说，一个苹果就是一个苹果，一头牛就是一头牛，我们能够通过视觉，把握住它们的颜色、形状等各种不同的物理特征，但是，如果儿童的脑海中还没有数观念"1"，或者说为数观念"1"的诞生做好必要的准备，他就不可能单纯地从一个苹果或一头牛中"看出"——"抽象"出——数字"1"来。对于已经拥有了成熟的数观念的儿童来说，一个苹果、一头牛、一辆汽车都是"1"，他们之所以能够"无视"具体物体的物理因素，而只关注数量上的相同，正是因为他们脑海中，已经在先地生成了"1"。那么，儿童脑海中成熟的数观念，到底经历了怎样的生长历程呢？

儿童数观念的发展，大致经历了三个阶段。

第一个阶段是萌芽期。伴随着语言能力的诞生，儿童在成人的引导下，开始学习计数。这个时期的特点有二：一是"唱数"。低龄儿童

“唱数”时，不需要与任何实际物体相对应，他们只是“沉醉”于唱数本身所蕴含的节奏和韵律。二是“命名”。当低龄儿童用手指“点数”一堆物体时，1，2，3……就仿佛是对应的物体的“名字”，而与物体的数量基本没有关系。萌芽阶段，大致类似于数学符号发展史上的“实物阶段”。儿童会把三个苹果叫作“3”，把四个三角形图形称为“4”，但是，他们其实并没有真正的数观念，而只是对一个实物集合的“命名”。所以，如果你问他为什么三辆小车和三个苹果都可以叫作3的时候，他会说：就是3，没有为什么。儿童在萌芽阶段的计数，也叫“机械计数”。有些幼儿在机械计数方面很有天赋，但是，这其实只是假象，满足一下父母的虚荣心罢了，机械计数不能跟科学数观念混为一谈！至少6岁以前，不管儿童的计数或加法运算看上去是多么熟练，他们所表现出来的“数学水平”，其实跟“鹦鹉说话”没什么两样，无非是“聪明”的大人们反复“机械训练”的结果。没有证据证明，天才儿童绝对不存在，但是，我们都知道，天才儿童出现的概率其实是很小的。父母期望自己的儿女是天才，其心情是可以理解的，但是，一旦超出“期望”的界限，参与到“造天才”运动，就会严重违背儿童的天性。

第二个阶段是生长期。当儿童点数一堆物体时，他知道“第一个”“第二个”……分别对应着不同的物体；同时，当点数结束时，他也明白一堆物体（比如棋子或苹果）一共有几个。也就是说，他已经生成了初步的“基数观念”和“序数观念”，但是，二者是独立的，儿童暂时还不能将二者有效地综合起来。面对一排摆放整齐的棋子，4岁多的儿童会用手指点数：1，2，3，4，5，6……但是，这里的“5”，是指从左往右的第五个棋子呢，还是指把前五个棋子看成一个整体（集合）的“整体的性质”，即“集合中的元素的个数”呢？对于这个阶段的儿童来说，这样的问题显然还是太难了。

第三个阶段是成熟期。儿童能够将“序数观念”和“基数观念”有效地结合起来，为科学数观念的诞生，做好相应的准备。当儿童的类结构和序结构都处于前文所说的成熟期时，儿童会主动对二者进行协调和重组，并进而形成科学的数观念。儿童可以通过参与游戏活动，

使类结构与序结构的关系成为关注的焦点，例如：在一堆同样大小的木块中，用一个小木块表示A，然后依次增加一个A分别表示B、C、D、E、F、G、H，并将它们依次排开，最后问儿童：木块B是第几个图形（用同样的方式询问C、D、E、F、G、H）？木块B由几个木块A组成（用同样的方式询问C、D、E、F、G、H与A的关系）？第六个图形是谁？它由几个木块A组成（不计数，直接回答问题）？处于萌芽期的儿童，肯定无法回答这个问题。处于生长期的儿童，可以在反复操作和试错中，正确回答部分问题。而处于成熟期的儿童，则能够根据不同木块的“位置”，也就是“序号”，直接确定“基数”。同时，也能够根据基数直接确定序数。

综上所述，在正常情况下，人人都会“数数”。不过，“数观念”比一般人所理解的含义要复杂得多。科学的数观念，必须建立在科学的基数观念和序数观念的基础之上（当然也包括更早诞生且贯穿数学学习始终的“一一对应”观念），而基数观念与早期的分类游戏（类结构）相关联，序数观念与早期的排序游戏（序结构）相关联。换句话说，一个6岁儿童能否发展出科学的数观念，不仅仅与他小学一年级的数学学习生活密切相关，而且与他在3—6岁期间，是否积累了丰富的分类游戏经验和排序游戏经验，有更为密切的联系。

（二）将游戏活动转化为课程

本单元的课程主题是“计数”，观念建构涉及从简单计数到理解性计数的整个过程。共分为二十个阶段，下面依次略作说明。

第一阶段——单元主题故事和主题歌

1. 故事：《七个愚笨的渔夫》。

2. 主题歌：童谣《拍手歌》《Five Little Monkeys》《Ten in the Bed》《Ten Little Fingers》《Ten Little Witches》。

第二阶段——结绳计数

材料：硬纸板，细绳，胶水，油画笔等。

操作：1. 用一根细绳打一个结，表示“1”，再用另一根细绳依次打两个结，表示“2”……（不打结的表示“0”）。

2. 用胶水（或胶带）把打好结的细绳，按顺序黏在硬纸板上。

3. 在对应的细绳下面，用不同颜色的油画笔画出“绳结”。

4. 每个儿童都完成自己的作品，并用它装饰教室（或布置展览）。

第三阶段——制作算筹

材料：A4 大小的卡纸上，画好三行十列方框。去掉尖的牙签、胶水、油画笔等。

操作：1. 简单讲述祖先们使用算筹的历史。

2. 用牙签和胶水，在卡纸第二行方框里分别黏出 1—9 的“纵式”（“横式”）。

3. 在第三行方框里，用油画笔对应画出“横式”（“纵式”）。

4. 在最上方第一行方框里，写出相应的阿拉伯数字。

5. 在自己的作品上“签名”。

数字	1	2	3	4	5	6	7	8	9
纵式算筹	𝍠	𝍡	𝍢	𝍣	𝍤	𝍥	𝍦	𝍧	𝍨
横式算筹	𝍩	𝍪	𝍫	𝍬	𝍭	𝍮	𝍯	𝍰	𝍱

第四阶段——制作罗马数字

材料：彩泥，水彩笔，油画笔，卡片纸。

操作：1. 用彩泥制作罗马数字Ⅰ—Ⅹ，把它们按顺序固定在一张较大的卡纸上。

2. 用油画笔，在较小的卡片纸上，分别绘制罗马数字Ⅰ—Ⅹ。当老师说出数字时，儿童迅速举起相应的罗马数字卡片。

3. 用“作品”装饰教室。

4. 自由分享：可以穿插着与结绳计数和算筹做比较。

第五阶段——制作阿拉伯数字（包括0）

1. 用彩泥捏制。

材料：纸黏土，玉米绳。

操作：先用纸黏土制作一个数字底盘，将玉米绳插入底盘的一端，固定住。再用不同颜色的纸黏土制作数字，固定在底盘上。将做好的数字挂件静置晾干。

2. 用牙签或其他替代品粘贴数字。

材料：去掉尖的彩色牙签（事先用颜料浸泡染色），卡纸，胶水，镊子等。

操作：先让孩子用牙签在卡纸上摆好数字造型。用镊子夹起一根牙签沾满胶水，再放回原来的位置，重复这个操作，直到所有数字都用胶水固定好为止。静置作品晾干。

3. 用彩线缝制。

材料：圆头大眼针，彩色棉线，无纺布，绣花绷子，剪刀。

操作：将无纺布用绣花绷子绷好，儿童自由选择彩色棉线，穿好针，在绷好的无纺布上缝制数字0—9（操作过程中要特别注意安全，老师还要根据情况帮助孩子打结、剪线等）。

4. 用彩粉绘制。

材料：彩粉，小勺，胶水，画纸。

操作：在画纸上，用胶水“画”出数字0—9（注意胶水的量，太多了不易干，太少了黏不住彩粉），在胶水变干之前，用小勺舀少量彩粉洒在涂有胶水的数字上，让数字沾满彩粉。将多余的彩粉倒回，静置，待胶水变干即可。

用自己的“艺术作品”装饰家园（教室）。

与前面的作品对比，交流分享。

第六阶段——数字游戏

1. 数字造型游戏。

材料：一根足够长的线绳，照相机。

操作：选出一名儿童做“导演”，其他儿童手牵手站成一队（或共同牵一根细绳），在导演的指挥下，摆出0—9的数字造型。自由分享。

另有一位教师在高处协助拍照，然后打印出来，装饰家园。

2. 数字配对游戏。

材料：阿拉伯数字卡片、罗马数字卡片。

操作：根据儿童人数，选出合适数量的阿拉伯数字卡片和罗马数字卡片，保证所用的卡片能配对。打乱卡片顺序，让孩子随机抽取卡片，然后根据手中卡片上的数字，迅速找到自己的“好朋友”。比如抽到“3”的儿童应找到“Ⅲ”的持有者，而抽到“Ⅶ”的儿童应找到“7”的持有者。

玩熟练了之后，可以适当提高难度，比如去掉最容易辨认的数字1—3和Ⅰ—Ⅲ，增加较大数字的卡片；或者增加一套汉字数字卡片，由两个数字配对变成三个数字一组。

第七阶段——节奏与数字（可以穿插于整个单元）

材料：桌子（或鼓）。

操作：先由老师示范，用手拍桌面（或敲鼓），拍出轻重和节奏：重—轻—稍重—轻，重—轻—稍重—轻。根据需要进行分解示范和讲解：重，整个手掌用力拍桌面；稍重，四指稍用力拍桌子边缘；轻，用三个指尖轻拍桌子边缘（这样在动作上稍作区别，也容易把握力度的变化）。引导儿童反复练习，直至最后全班形成一致的轻重节奏。

听歌曲或乐曲，感受节奏与数字的隐秘关联。四拍子的：《送别》

《外婆的澎湖湾》等（前面所学单元主题歌多为四拍子）。三拍子的：《雪绒花》《蓝色多瑙河》等。二拍子的：《土耳其进行曲》《拉德斯基进行曲》等。第一遍，听，感受音乐节奏，孩子们可以随着音乐节奏律动。第二遍，用手轻拍桌子或击掌，随着音乐打节奏。还可以随着音乐边唱边打节奏，或者练习简单的舞步，随着音乐节奏起舞。

第八阶段——走步计数（前进与后退）

操作：

1. 单个儿童朝前走，所有儿童一起为他计数，每走一步增1计数。大家轮流进行，直到计数的节奏和走路的节奏比较吻合。

2. 两个儿童手挽手，一起向前走，所有儿童一起为他计数，每走一步增1计数。大家轮流进行（如果两人步伐不一致，导致无法准确计数，可以两人一组进行步伐练习），或者采取“两人三足”的形式，这样可以促进两人步伐节奏一致。

3. 依次增加儿童，直到所有儿童手挽手，一起朝前走，每走一步增1计数。

4. 所有儿童手拉手围成圆圈，放开手后全体向右转，双手搭在前面儿童的肩膀上，一齐转圈走，按照脚步的节奏计数。计数到30的时候，全体向后转，反向转圈走，重新开始计数，或者倒序计数。

5. 前进熟悉了，可以边倒退走，边倒序计数。

6. 然后可以每隔一步计数或倒序计数。比如只有左脚前进时计数，或只在右脚后退时进行倒序计数。

7. 伴随脚步的轻重节奏计数。比如左脚轻，右脚重，计数与其对应为“奇数”轻，“偶数”重。

第九阶段——在数轴上计数

材料：画纸，水彩笔。

操作：

1. 画一条线，在左侧标注一个“0”，然后将1—30从左往右依次标注在相应的位置上。

2. 画一条线，在右侧标注“30”，然后从右往左将 0—29 倒序标注在相应的位置上。

3. 画一条线，在左侧标注一个“0”，然后向右依次标注“2，4……30”。

4. 画一条线，在右侧标注“31”，然后从右往左依次标注“29，27……1”。

第十阶段——用彩泥球演示“几个”和“第几个”

1. 先用油画笔，在硬纸板上从左往右画出数字 1—10。

2. 在每个数字上方，用彩泥制作相应个数的彩泥球，排成纵队，每一纵队彩泥球构成一个独立的“图案”。

3. 每个数字，既指第几个图案，又意味着该图案包含着几个彩泥球，也就是几个 1。反复引导儿童观察、表达……课后作为作品展示。

第十一阶段——在自制数轴上演示“几个”和“第几个”

1. 准备一张硬纸板，胶水，油画笔，十余根相同长度的小木条（或硬纸条）等材料。

2. 在硬纸板上选定一个点作为起点，标注为 0。从 0 开始沿着一个方向，每次只粘一根小木条，依次标注为 1，2，3……一直到 10（或者更多一些）。

3. 引导儿童在游戏中领悟：每一个数字，既意味着走到第几步，又意味着截至目前（不包括目前这一步），一共粘了几根小木条。

4. 课后作为作品展示，以方便儿童继续自由游戏。

第十二阶段——制作数字树

1. 把 3 颗围棋子分成两堆，可以怎么分呢？先分堆，然后将分堆情况用油画笔画出来——画成“树状图”的样子，然后再对应画出数字树（一开始，老师要带着儿童做，慢慢放手）。

2. 依次用 4—9 颗围棋子分堆，并完成相应的制作。

3. 儿童完成自己的作品，装饰家园。

第十三阶段——感受“加 1”与“加法”

1. 现有5颗围棋子，增加1颗棋子，问儿童：5颗棋子增加几颗就可以变成6颗？也就是说5+？=6，或者6=5+？。然后让儿童写出对应的算式。

2. 上述游戏，依次进行，直到9。

3. 自由分享：加法的本质就是“+1”，请儿童自由地分享自己的感悟。

第十四阶段——感受“减少 1”与“减法”

1. 现有10颗围棋子，减少1颗棋子，问儿童：10颗棋子减少几颗就可以变成9颗？也就是说10-？=9，或者9=10-？。然后让儿童写出对应的算式。

2. 上述游戏，依次进行，直到1。

第十五阶段——用围棋演示“集合”的合并（视儿童的学习情况而定）

1. 把5颗围棋子分成两堆，画出每一种分法，并写出对应的加法算式。

2. 把6—9颗围棋子分成两堆，画出每一种分法，并写出对应的加法算式。

第十六阶段——用围棋演示“集合”的拆分（视儿童的学习情况而定）

1. 小明有10颗围棋子，他想分出几颗棋子给小华，他该给小华几颗呢？送给小华之后，他自己还剩下多少颗呢？写出对应的减法算式。

2. 把5—9颗围棋子分成两堆……

第十七阶段——在数轴上演示“集合”的合并

1. 蚂蚁和七星瓢虫从数轴上的“起点”出发，通过“接力跳跃”——蚂蚁先跳到一个位置，瓢虫再从这个位置接着跳，最后抵达“5”（每次跳一格），它们会有几种接力方案呢？写出每种方案对应的加法算式。

2. 将终点分别设置为 6—10（视儿童的学习情况灵活安排）。

第十八阶段——在数轴上演示“集合”的拆分

1. 蚂蚁和七星瓢虫从数轴上的“5”出发，通过“接力跳跃”——蚂蚁先跳到一个位置，瓢虫再从这个位置接着跳，最后抵达“0”（每次跳一格），它们会有几种接力方案呢？写出每种方案对应的减法算式。

2. 将终点分别设置为 6—10（视儿童的学习情况灵活安排）。

第十九阶段——制作数字盘（1）

制作数字 1—5 的圆盘，如：用数字 1 做“圆心”，往外的第一环分别是 1+？中的“？”，再往外的第二个圆环，对应的是 1+？的“结果”（不超过 10），最后的效果如下图所示：

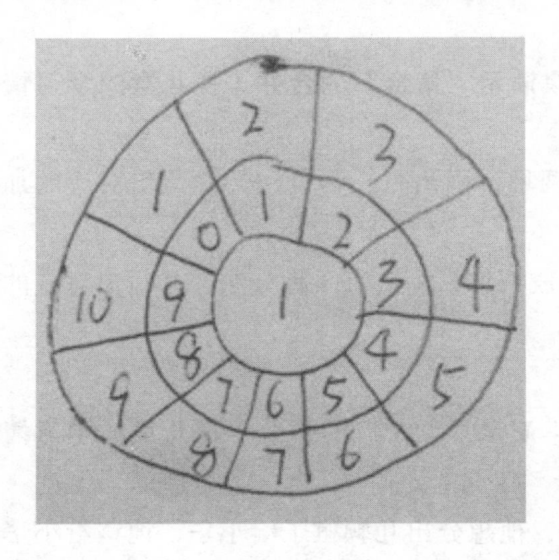

自由分享。

第二十阶段——制作数字盘（2）

在上节课制作的数字圆盘的基础上，在每一个 1+？=？的最外围，写出对应的若干个算式。

自由分享。

通过有意识地观察 0—2 岁阶段（也就是皮亚杰所说的“感知运动”或“动作运算”阶段）儿童的言行举止，我们完全可以发现类结构和序结构的起源。不过，儿童只有在 2 岁以后，才能较为顺利地参与由成人有意识安排的分类和排序游戏。儿童总是降生在一个社会性的文化环境之中，所以，当他拥有语言能力时，他就开始学习“计数”了。从这个角度讲，儿童头脑中的分类观念、序列观念和数观念（从早期的机械计数能力到后来的理解计数阶段）又几乎处于同步发展的状态。本节就是通过一系列数学游戏，从分类、排序、计数等观念结构发生发展的角度出发，在对游戏过程进行深度分析的基础上，细致讨论了 2—6 岁阶段，儿童的前算术观念的生长历程。

第二节　3—6 岁的儿童怎样学习几何

对于刚刚降生的婴儿来说，他自己就是他的“全部世界”，他的全部世界也就是“他自己”，这是一个主客不分的混沌世界。所以，当妈妈将他的玩具用床单盖住时，他就会哇哇大哭。但是，没过多久，当妈妈重复这个动作时，儿童不再哭了，而是自己动手，掀开床单，重新把玩具拿在手中——这对儿童来说是一个非常了不起的成就，因为，他从此开始意识到，一个不同于他自己的客观世界的存在。

两岁以后，随着儿童的模仿、早期绘画、游戏，特别是语言能力的发展，儿童会形成一个“表象性的空间观念”（表象，即人们在头脑中出现的关于事物的形象）。不过，这完全不同于我们通常所说的欧几里得几何空间观念（古希腊人欧几里得创立的几何体系，简称欧氏几何，中学阶段的几何内容基本都属于欧氏几何的范畴）。这到底是为什么呢？我们还是先从游戏谈起吧。本小节研究的问题，在空间几何观念发生发展历程中的位置如图 2-2 所示：

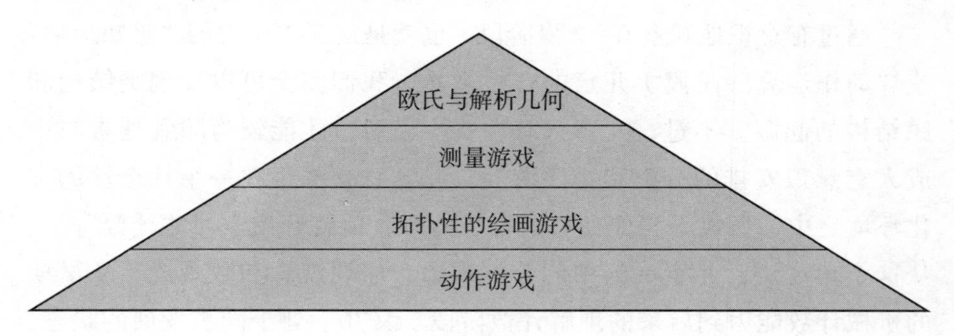

图 2-2 基于拓扑性绘画的表象性空间观念的位置

一、拓扑几何游戏

这里，我需要解释一下什么是儿童的“拓扑几何观念”。我们先看下面这组图形：

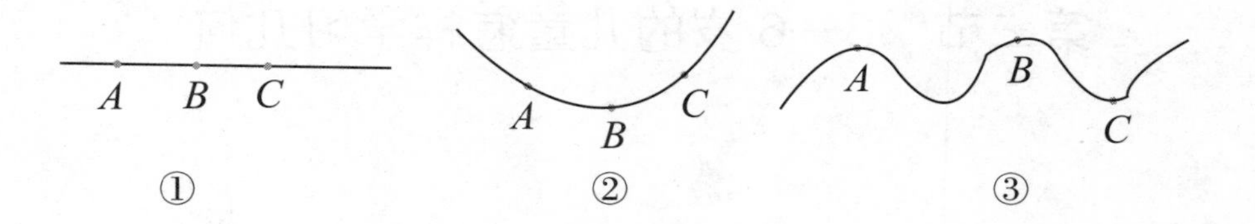

这三个图形有区别吗？当然有，还用问吗？！在成人眼中，这三个图形是完全不同的。但是，在 3 岁左右的儿童眼中，它们却是完全一样的！为什么会这样呢？原来，这其中隐藏着儿童生命成长中最为奇特的“秘密”：3 岁左右的儿童，他们头脑中的几何观念是拓扑式的，也就是说，构成图形的“整体材料”类似于橡皮泥，可以随意拉伸、压缩，只要没有发生断裂、粘连，它们就总是一样的。而且，它们拥有完全相同的拓扑几何性质，比如：点 A 与点 B 总是保持“临近”的关系，点 A、B、C 总是保持着相同的“次序”关系，点 A 与点 C 总是保持着“分离”关系，点 B 总是被点 A 和点 C“封闭”着，而且，这几个图形总是保持着同样的“连续性”……在欧氏几何中，圆、椭圆、三角形、四边形等都是完全不同的图形，但是，对于拓扑几何而言，它们却是

完全一样的，都是相对于开放图形而言的“封闭图形”。

相对而言，成人所“熟知”的欧氏几何观念却是“刚性的”，一个图形（包括一条线段）被拉伸或者压缩，那么，它们的长度或者面积或者体积就总会发生改变，这就是我们成人会认为，上面三个图形完全不同的根本理由。当然，在我看来，拓扑几何和欧氏几何也具有某种潜在的关联，儿童正是在他们所拥有的拓扑几何观念的基础上，给图形“添加”了长度、面积、体积等度量性质，于是就从拓扑几何观念“生长”为欧氏几何观念。在大学期间，如果再把欧氏几何观念中的“度量性质”排除掉，就会“生长”为更为形式化和抽象化的拓扑几何观念。前一次“生长”是为了从变化无常的世界过渡到确定的、刚性的物理世界。后一次“生长”是为了从具体的、刚性的物理世界，过渡到更加抽象化的拓扑几何世界。在此基础上，我们就可以更好地理解，3—6岁儿童的空间观念的发展变化的历程。

整体来讲，2岁以前，儿童只会乱涂乱画，与其说他们是在绘画，还不如说他们在纯粹地玩弄画笔，或者自己的手指，并且乐此不疲。在这个感知运动阶段（0—2岁），儿童的空间观念发展水平，只能通过儿童的“动作”来观察和了解。当儿童进入前运算阶段，也就是表象智能发展阶段（3—6岁），他们才开始尝试进行绘画创作。通过观察他们的初期绘画作品，我们发现，直线总是弯曲的，但是，如果红色的珠子在蓝色珠子的左边，儿童能够在曲线上准确地表现这一位置关系。圆、三角形、正方形等封闭的图形，总是被画成不太规则的“椭圆”，但是，“眼睛”总会在“脸”的内部，“嘴巴”总会在“脖子”的上边，“脚”总会在“身体”的下边……换句话说，儿童此时的空间观念，还不是刚性的欧氏几何观念，而是橡皮泥式的拓扑几何观念。不过，儿童并不是“瞬间”获得诸如“临近、分离、次序、封闭、连续性”等拓扑几何观念的，他们需要在丰富的操作活动中，不断协调各种观念之间的相互关系。5岁左右的儿童，就可以自如地运用各种拓扑观念，创作富有想象力的作品了。“连续性”虽然也是一种重要的拓扑几何观念，但是，它与无限性有关，所以，儿童真正建构生成这个观念，要延迟很长一段时间，几乎要等到12岁左右才能真正拥有。

游戏 10 给老师（或妈妈）和自己画像

游戏材料：画笔，纸张若干。

游戏目的：协助儿童建构和发展相邻、分离、次序、包含、连续等拓扑几何观念。

适龄儿童：3—6 岁。

游戏参与者 1：M3（3 岁 5 个月）。

上图是 M3 画的老师像。当老师请她给自己画像时，她回答说“不会”。在老师的询问下，她开始描述自己的作品：最上面的两个圆圈（中间有点），是老师的两个眼睛，眼睛下面的一条横线是嘴巴，嘴巴左右的线是两只手，眼睛下面的竖线是长长的脖子。一分钟之后，她又在最下面补上了两只脚。

分析：M3 的空间几何观念，处于拓扑几何阶段，拓扑几何的空间位置关系，主要包括：相邻、次序、分离、封闭、连续等。在 M3 的作品中，两只眼睛是相互临近的（相邻关系），眼睛在嘴巴的上面，脖子在嘴巴的下面（次序关系），两只手在左右两边（分离关系），等等，这些特征，都表现出了几何图形中，各元素之间的拓扑关系。

游戏参与者 2：小林（4 岁 10 个月）。

分析：上图是小林的作品，左边是老师，右边是自己。开始的时候，当老师问她“能否画自己”时，她说“不能”。但是，当她画好老师之后，老师又问她“能不能在旁边画上自己”时，她说“可以”。显然，小林的作品很好地体现了拓扑几何关系，与 M3 的作品相比，小林的作品还体现了“封闭”关系，最上面的“圆形”表示“脸”，而眼睛和嘴巴就被“封闭”在脸的内部。而且，她还努力让自己画出来的老师更像老师一点儿，比如马尾辫、裙子等特征。不过，她还不清楚自己是什么样子的，所以，她画出来的自己，只不过是小一号的老师——她是参照自己画的老师画出自己的。

游戏参与者 3：冬冬（4 岁 4 个月）。

冬冬画了两幅作品，她也许是对自己的第一幅作品（前页左图）不甚满意，所以接着又完成第二幅作品（前页右图）。她解释说，自己周围那个方框是门（右图中的左侧，冬冬妈妈还以为是床呢），手上戴着手套，两个指头的那种，身上是蝴蝶结样式的扣子，母女俩之间还有一个棒棒糖。另外，出于好玩的目的，她还在妈妈头上，画了一个弯弯的尾巴。

分析：整体上讲，冬冬的水平与前面的小林类似，只是冬冬加进了一些母女之间的互动和想象，这也许跟她是在更自由、更安全的家里完成作品有关系。

游戏参与者 4 、 5 ：小瀚（5 岁 6 个月），维维（5 岁 9 个月）。

上面左图是小瀚的作品。他表达的意思是：天空蓝蓝的，太阳发出金色的光，爸爸、妈妈和小瀚去一个果园采摘苹果。右图是维维的作品：在紫色的大海上，有一块大大的石头，三条美人鱼（左边是妈妈、右边是爸爸、中间是自己）站在石头上跳舞。

分析：两个儿童几乎是完美地运用了自己的拓扑几何观念——临近、分离、次序和封闭等关系，都得到了清晰的体现。同时，画中的果树、鲜花、草地、石头、海浪等，也具有了一些“写实”的特征，而与“写实”对应的几何学，往往就被认为是欧氏几何。不过，这个阶段，儿童的欧氏几何观念，并不是通常人们所说的纯粹形式化的欧氏几何观念，而是生活化的、具体的、物理性的前欧氏几何观念，在作品中体现为一个完整的、情境化的、充满想象力的生活世界。同时，由于他们内在认知结构处于静态的表象阶段，所以，他们通过视觉感知到的外部世界的形态，能够在改变时间和空间之后，依据头脑中的

表象结果，通过绘画的方式呈现出来。但是，他们暂时还不能“看到”自己，或者说，他们内在认知结构的发展水平，还不足以表象出他们“自己的个性”，所以，他们画出的自己是“无自我”的，只不过是“小一号”的爸爸或妈妈。

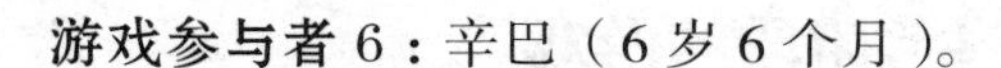

游戏参与者 6：辛巴（6 岁 6 个月）。

这是 6 岁半（小学一年级）的辛巴同学的作品。他描述道：左边是妈妈，坐在隐形凳子上吃糖，想着马上就要过年了，高兴地笑了。右边是他自己，脚上正在喷火，像钢铁侠一样，头上本来想画一对牛角，画错了，就成一个超人帽子了，胸前的五角星表示力量，两只胳膊是高举哑铃的模样，表示很威猛。

分析：这是一个典型的部队家庭的小小男子汉的“自我镜像”。这个阶段的儿童，开始逐步从拓扑几何观念，向欧氏几何观念过渡，更为重要的是，他们的内在认知结构，已经具备了可逆性，他们的思维不仅可以帮助他们感知和思维外部世界，而且也可以反观自我、想象自我和思考自我了。所以，他们画出来的作品，就是自己想象中的自己，这一点跟不具备思维可逆性的儿童大为不同（较小儿童画出来的只是“小一号的大人”）。不过，对于刚刚步入具体运算阶段的儿童来说，他们只能通过具体的形象，去描绘想象中的自己，所以，“像不像”的问题，很快就会成为他们关注的焦点。但是，明智的父母和老师会有意识地延缓儿童对于“像不像”的关注，最好等到儿童 9 岁左右时，才开始正式引导儿童，进入色彩理论和绘画技法的学习。因为从某种程度上讲，“像不像”的问题是非常容易解决的，但是儿童在绘画方面的想象力——用图形语言想象和创作故事——有特定的敏感期，错过了就找不回来了！

二、过渡阶段的游戏

这里所说的“过渡”，是指儿童正处于从“拓扑几何”向“前欧氏几何”过渡的阶段。

游戏 11　临摹几何图形

游戏材料：在纸上预先画好以下图形，画笔若干。

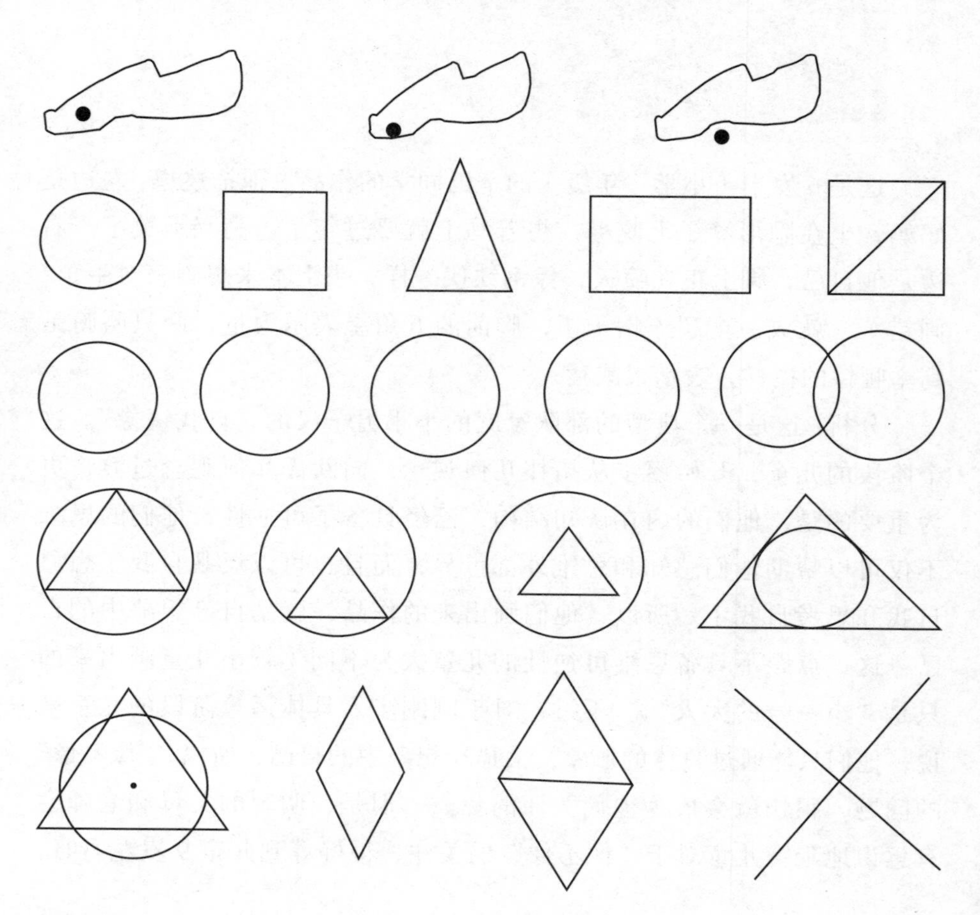

游戏目的：评估儿童从拓扑几何向欧氏几何过渡时的空间观念的发展水平。

游戏步骤：请儿童画出他看到的几何图形。

适龄儿童：4—6 岁（4 岁生日已过，6 岁生日未过）。

游戏参与者 1：M3（3 岁 5 个月）。

从 M3 的画中可以看出，当两圆相离和相切时，她能知道它们是不同的，但是，当要求她画出来时，结果却是完全一样的了（如上面左图所示）。同时，她用上面中间图表示“圆的内接三角形”，用上面右图表示“一个圆与一个三角形的每条边都交于两点”。

分析：可以看出，M3 不仅不能准确地体现欧氏几何图形中的空间位置关系，而且，由于图形的复杂程度超过了她所能理解的范围，所以，她甚至不能很好地表现图形之间的拓扑关系。当然，通过其他的绘图结果，我们可以知道，如果图形之间的位置关系较为简单时，她是能够准确理解并表现出图形之间的拓扑关系的。

游戏参与者 2：小林（4 岁 10 个月）。

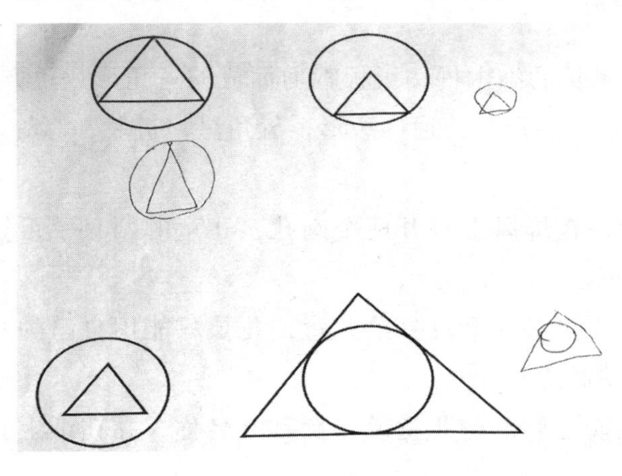

分析：总体来讲，小林除了对一些非常“苛刻”的欧氏几何关系不能正确地表达以外（如上面三个图所显示的情形），其他图形都无问题。即便是这些画得有瑕疵的欧氏几何图形，我们也可以看出，几何图形相互之间的拓扑关系，仍然是基本正确的。

游戏参与者 3：小瀚（5 岁 6 个月）。

小瀚的“临摹”几乎没有差错。不过，当老师问他：“相离（只是指给他看）两圆和相切两圆有何不同呢？”他回答说：“它们看上去就是不一样的。”（其他情况也基本类似）这说明，小瀚是以视知觉，去判断欧氏几何的位置关系的，而不是依据概念化的欧氏几何观念，去判断各种图形之间的位置关系（小瀚还需要经历漫长的岁月，认知发展水平才可能抵达这个阶段）。

通过这个游戏，我们可以推知，处于过渡阶段的儿童，不仅能够区分三角形和圆形的不同（在拓扑几何中，二者是相同的，都是“封闭的图形”），而且能够临摹一些欧氏几何图形。不过，儿童能够临摹欧氏几何图形，并不等于儿童已经建构生成了欧氏几何观念，他们的临摹，只是建立在视觉基础上，他们还不能以自己的内在几何观念，去解释说明图形与图形之间不同的位置关系。这也正是我们将此阶段，命名为从拓扑几何向前欧氏几何发展的过渡性阶段的主要原因。

游戏 12 触摸图形

游戏材料：20 厘米长的细木棍，纸板裁剪而成的三角形、正方形、长方形、圆形、椭圆形、菱形，普通四边形，五角星，折尺，等等。

游戏步骤：

1. 设置一个屏风，在屏风上打开两个圆孔，儿童的两只手可以穿过圆孔到达屏风的背面。

2. 老师在屏风后面提供一个玩具给儿童，儿童只能用自己的双手触摸玩具，而不能用眼睛看到玩具。

3. 等儿童充分触摸之后，请儿童说出玩具的名称，并在纸上画出

他们刚才摸到的玩具。

游戏目的：协助儿童建构前欧氏几何观念。

适龄儿童：4—6 岁（3—5 岁组仅提供特别规则的图形，个别儿童可以例外）。

游戏参与者 1：越越（4 岁 11 个月）。

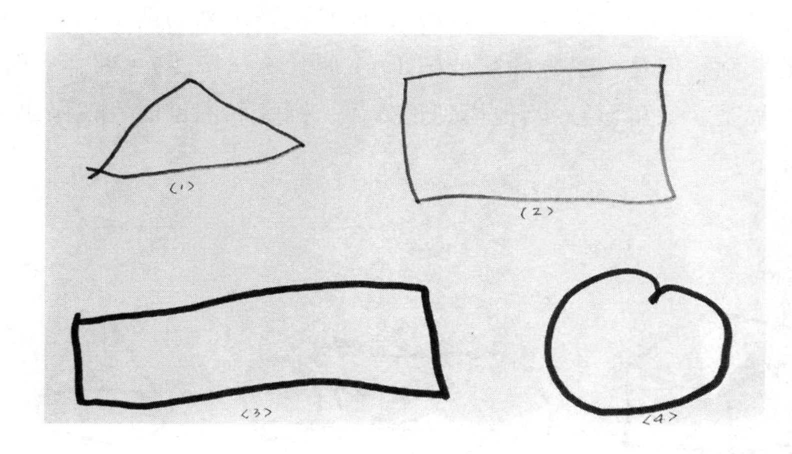

以上四个图是 4 岁 11 个月的越越，通过“盲摸”之后在纸上画出的图形。图（1）是三角形，图（2）是正方形，图（3）是长方形，图（4）是圆。他不能区分“直角三角形”与“非直角三角形”。当他摸到一个“圆形纸板”时，他说是“椭圆”，但是他在纸上画出来的图形却又更接近圆形。而且，当他摸到菱形、梯形和五角星时，他回答说：不知道这是什么图形。

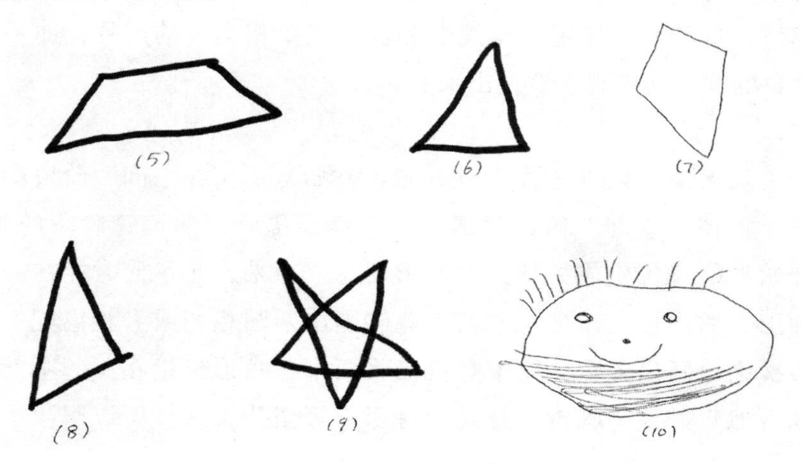

图（5）至图（10）是5岁7个月的小瀚的作品。图（5）是梯形，图（6）是一般三角形，图（7）是菱形，图（8）是直角三角形，图（9）是五角星，图（10）是椭圆（画好椭圆之后，他可能觉得不好看，就继续将其“加工”成了一张笑脸）。事实上，对于小瀚所摸到的所有常见平面图形，他都可以画出来。不过，虽然他能够通过“盲摸”区别“直角三角形”和“非直角三角形”，而且他画出来的两个图形也具有明显的区别，但是，当老师问他图（6）叫什么、图（7）叫什么时，他的回答都是“三角形”。当他摸到正方体、圆柱和圆锥时，他画出来的图形如下：

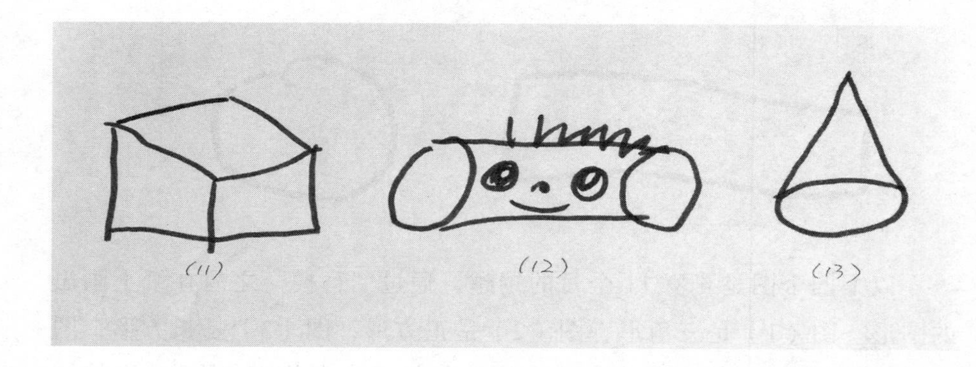

图（11）是正方体，图（12）是圆柱体，图（13）是圆锥体。当越越摸到这几个图形时，他能说出它们的“名字”，但是，他直接告诉老师说：“我不会画。”而小瀚的作品已经具备了一点点儿“立体感”，只不过，这种“立体感”是视觉和静态表象相结合的产物，而不是依靠抽象的欧氏几何观念表现出来的。

一般来说，4—7岁左右的儿童，开始从“拓扑空间”阶段向“前欧氏（物理）空间”阶段过渡。前文已经提到，前运算阶段的儿童，一开始只能建构生成拓扑式的图形观念。但是，儿童何时能在一个圆内画出它的内接三角形呢？何时能够画出两圆相切或者相离呢？何时能够准确地画出菱形，而不是仅仅将两个三角形拼接在一起呢？这些问题看似只需要“临近、分离、封闭”等拓扑关系就可以解决了，但

其实不然，画出这些图形，的确需要体现某些拓扑关系，但更需要刚性的欧氏几何观念。

但是，刚性的欧氏空间观念仅仅依靠“观看”是远远不够的，它需要儿童对物体施加动作，以及对自己的动作本身进行协调——儿童需要通过手指，沿着物体的轮廓在空间中进行触摸，以及对触摸动作的协调，才能构造出形状观念。而且，偶然性的动作，并不能达到构造形状的目的，儿童的动作必须有一个“参照点”（儿童在触摸时，可以从一个点出发，沿着顺时针或逆时针绕行一周，能够重新回到起点，这个点就是“参照点”），以此检验和协调图形中的各种关系。在这样的活动过程中，儿童的动作必须要能够返回到参照点，这显然是一种具有可逆性的动作，儿童的内在认知结构只有具备了可逆性，他们才能根据直线与曲线、角度的大小、边的长短、平行或者相交等刚性关系表象图形，构造出初步的欧氏几何图形。通过前面的游戏和游戏分析，我们可以清晰地看出儿童表象性空间观念的生长脉络。

瑞士著名心理学家皮亚杰对儿童空间几何观念的发生学进行研究，得出如下结论：一方面，几何学（也包括代数、物理学等）在历史上的发生历程与儿童在自己的大脑中建构几何观念的历程是一致的；另一方面，儿童在 4 岁以前（2 岁以后）的几何观念，几乎全部是拓扑性质的，而随后几年，儿童的拓扑观念逐步消失，最终形成欧氏几何空间观念。但是在几何学历史上，拓扑几何学的诞生，却是近现代的事情，要远远晚于欧氏几何的诞生。这到底是怎么回事呢？这个问题几乎成了几何发生学研究领域里的一个“悬案”。从数学发生学的角度讲，任何知识都不是“预成”的，而是在主客交互作用的“动作”或“运算”中，由主体创造和发明的，那么，3 岁左右儿童的拓扑空间观念，是否是儿童主动建构生成的呢？ 4 岁以后的儿童，为何在拓扑空间观念的内在认知结构的基础上，创造发明了前欧氏几何空间观念，而不是更加抽象化和形式化的高级拓扑几何理论呢？

之所以称之为“悬案”，是因为皮亚杰指出了这个“现象”，但是并没有给出合理的解释。而柯普兰在《儿童怎样学习数学》一书中，只是用实验“重复验证”了皮亚杰提出的“现象”，在解释层面仍然没有丝毫的突破。而根据我们的研究，这种略显“反常”的现象也许可以解释为：对于感知运动阶段的儿童来说，虽然他们像成人一样生活在一个由各种玩具、家具、房屋、父母亲人、有限的物质生活空间等构成的一个刚性的欧氏几何空间里，但是，由于他们内在认知结构的简单和弱小，这个刚性的物理空间，对他们是“没有意义的”，他们的“有意义的世界”（关乎他们的情绪、情感、需求、游戏、认知发展等）是碎片化的、动画片式的魔幻世界。所以，当他们从挥动画笔乱涂乱画并自得其乐，到可以画连续的弧线，再到创作出能够清晰显现临近、分离、次序、封闭、连续等关系的拓扑式绘画时，一方面体现了儿童认知客观世界的巨大进步；另一方面也有力地反驳了传统的“预成论”——既不是儿童头脑中先天的“完美世界”在某个特定时刻被“唤醒”，并突然“涌现”，也不是客观世界被儿童的大脑像照相机一样，直接地如实反映在儿童的头脑中。儿童的几何观念，是在主客交互的动作中，由儿童自己建构生成的，或者说想象、发明创造的。

3 岁左右的儿童，依据自己的内在认知结构所创造的空间观念世界，就是一个“拓扑性的世界”。然后，随着初期绘画、游戏、模仿、语言等表象能力的发展，儿童进入前运算阶段，这个阶段的表象智慧一方面表现为“静态性”，另一方面表现为一定程度的“整体性”。而恰恰是“静态性”，使得儿童之前的“动画片式的世界”得到某种程度的“固化”，“整体性”使得儿童之前的“碎片化的世界”获得某种程度的“系统性”和“连续性”，至于临近、分离、次序、封闭等拓扑关系，也同步表现为一种欧氏空间关系。但是，由于这个阶段儿童的思维还不具备可逆性，所以，当他们的空间观念逐步向欧氏几何过渡时，某些拓扑几何特性仍然还会保留着，一直持续到 8—9 岁左右。

所以，我们认为：低龄儿童的“拓扑空间观念”并没有消失，消失的只不过是碎片化的、动画片式的低级图形特征，而以临近、分离、次序等为表现特征的拓扑关系，持续发展成为更加高级的欧氏几何空间观念。低龄儿童的拓扑空间观念，是一种“前欧氏几何空间观念”，它的更高级的形态，不是抽象的、形式化的理论拓扑几何，恰恰相反，理论化的拓扑几何系统，应该是形式完备的欧氏空间的更加高级的发

展形态。也就是说，儿童的几何观念发展遵循的规律是，从早期具体的拓扑几何空间观念，到欧氏几何空间观念（包括 6—12 岁的前欧氏几何空间观念），再到理论化的拓扑几何空间观念。我们的发生学实验研究，可以很好地证实这一点。

这一发现，对于幼儿和小学低段的几何教学，有着重要的启发意义。

第一，这个阶段的几何课，其实就是绘画课和手工创作课，任何试图将欧氏几何观念提前下移的做法，都是无效且愚蠢的。“课程”的形态，只能是活动的、游戏的、自由的，那些展示性的、语言说教性的做法，必须限制在“课程”可以正常展开的限度之内。

第二，对于年幼儿童，活动是绝对自由的，他们可以通过乱涂乱画，乐在其中。对于年龄稍大的儿童，如 5—8 岁左右，绘画和手工作品其实是他们的另一种语言，他们通过自己的作品，自由地表达自己的情绪、情感、思维活动和意识想象。作品完成时，父母或老师可以引导儿童用语言，描述一下他们“创作”的故事，但绝对不能用“像不像”“对不对”“是不是真实”“合不合理”等成人标准，对儿童的作品横加评价。儿童用他们自己的内在认知结构，解释和描述他们的世界，而他们的认知结构，跟成人有着本质性的差异，当成人用自己的标准去对儿童的作品评头论足时，对儿童造成的隐形伤害是致命的，而且几乎是不可逆的！其实，每一个儿童天生就是一个天才的画家，我们成人之所以看不懂他们的作品，不是因为儿童太蠢太笨太低能，恰恰相反，是因为我们自己已经丧失了那颗金子般的、最最纯真的童心，且不自知！

第三，父母与老师同时应该把握好自由、兴趣爱好与挑战性、自我成就感之间的关系。前者是儿童健康成长的基础，但是，一旦缺失了后者，儿童就会“缺钙”，过度溺爱，会把儿童培养成温室中的花朵，甚至是“一头快乐的小猪”！就拿绘画来说，当儿童 9 岁左右时，色彩搭配原理、透视、写生等就应该可以学习了，这是与儿童内在认知结构的发展相一致的，提前了，会拔苗助长；滞后了，会扼杀儿童无限的可能性。二者皆不足取。

三、将游戏活动转化为课程

第一阶段——单元主题故事和主题歌

故事:《巴巴爸爸的形状世界》《这是什么形状——小酷和小玛认知绘本》。

主题歌:《The Shape Song》。

第二阶段——彩泥制作（1）

材料: 彩泥，硬纸板，彩泥刀（可用尺子、各种卡代替，用于切割彩泥）。

操作: 先将一块彩泥揉成球，再将其压扁，通过捏或切修整边缘，制作成圆形、正方形、长方形、三角形等常见平面图形的“实心图”。将一块彩泥搓成长条，再用长条围成常见平面图形的“框架图”。

用各种形状自由组合，创作自己的艺术作品，并用它装饰家园。

第三阶段——彩泥制作（2）

材料: 彩泥，硬纸板，彩泥刀（可用尺子、各种卡代替，用于切割彩泥）。

操作: 先将一块彩泥揉成球，再将其捏塑成球体、正方体、长方体、锥体等常见的立体图形。用各种形状自由组合，创作自己的艺术作品，并用它装饰家园。

第四阶段——牙签制作

材料: 去掉尖的彩色牙签（事先用颜料浸泡染色），卡纸，胶水，镊子，彩泥等。

操作: 先让儿童用牙签在卡纸上摆好常见“平面图形”（框架）。用镊子夹起一根牙签沾满胶水，再放回原来的位置，然后重复这个过程，直到所有图形都用胶水固定好为止。再用上述方法制作组合图形，将作品晾干，展示作品。自由分享。

鼓励儿童制作“立体框架图形”。用彩泥揉成小球作为连接部件，用牙签做框架，构建立体图形。

第五阶段——彩线缝制

材料：圆头大眼针，彩色棉线，无纺布，绣花绷子，剪刀。

操作：将无纺布用绣花绷子绷好，儿童自由选择彩色棉线，穿好针，在绷好的无纺布上缝制常见“平面图形”（操作过程中要特别注意安全，老师还要根据情况帮助孩子打结、剪线等）。

按照同样的方法缝制组合图形，并展示作品。

第六阶段——盲摸

材料：各种平面图形、立体图形的模型，蒙眼罩。

操作：先引导儿童仔细触摸每一种图形的面、边、角，让儿童说出摸起来的感觉，描述图形的样子。

然后分组进行盲摸游戏，每组 5 人左右。第一名儿童戴上眼罩，第二名儿童选一个图形给第一名儿童盲摸，让其说出这个图形的样子和名称，大家一起评判他说得好不好。换第三、第四、第五名儿童选图形给第一名儿童盲摸（注意每次提供不同的图形）。然后轮换第二名儿童盲摸，其他儿童提供图形和进行评判。

第七阶段——队形变换

材料：照相机。

活动 1：选出一名儿童做“导演”，其他儿童手牵手围成圈，在导演的指挥下，摆出三角形、正方形、长方形、圆形等图形。可以变换站立、坐下或躺下等不同的姿势，制造出不同的图形视觉效果。老师协助在高处拍照，然后打印出来，装饰家园。自由分享。

活动 2：所有儿童先站成一排，然后演变成各种图形。

第八阶段——涂鸦

材料：画纸，水彩笔，油画笔等。

操作：用彩笔画出各种平面图形。问儿童：“把正方形和三角形组合起来，能变成什么样呢？”让儿童绘制自由想象的组合图形。

绘制老师给出的组合图形。

第九阶段——搭建城堡

材料：各种废旧材料，如硬纸板、小纸盒、卷纸芯、小药瓶、旧杂志等，胶水，双面胶，透明胶带，剪刀，裁纸刀，颜料和画笔等。

操作：根据搜集材料的情况，先引导儿童讨论各种不同的材料适合做什么，如何把各种材料组合、固定在一起。然后让儿童搭建自己的城堡。根据需要，可以为城堡涂色。完成后进行作品展示。自由分享。

第十阶段——拼图

材料：彩纸，剪刀，胶水，水彩笔等。

操作：出示一些事先剪好的各种大小、颜色的常见平面图形，跟儿童讨论，用这些图形可以拼贴成什么，要想拼贴成某个形象需要哪些图形。然后让儿童动手剪纸、拼贴。展示作品，自由分享。

同时还可以穿插各种折纸游戏。

第十一阶段——图形构造（1）

1. 构造圆形。

材料：磁贴，围棋子。

操作：老师在黑板上贴黑、白两颗磁贴，让它们之间的距离正好是四根手指并拢时的宽度，儿童用黑、白两颗围棋子在桌子上进行同样的操作（提示儿童围棋子摆放的位置，以确保随后的图形构造空间）。请儿童再摆一颗黑棋子，让它到白棋子的距离也是四指的宽度。按照同样的要求继续添加黑棋子，直到构造成圆形。

改变给定的距离（半径），如：一个手掌的宽度、一拃宽（尽力张开五指时，大拇指尖到小拇指尖的距离）等等，多次构造圆形。

2. 构造线段的垂直平分线。

材料：磁贴，围棋子。

操作：老师在黑板上横向摆一排白磁贴（奇数个），儿童用白棋子在桌子上进行同样的操作。问儿童："哪一颗棋子到两端棋子的距离一样长？"请儿童再摆一颗黑棋子，让它到两端的白棋子距离相等。按照同样的要求继续添加黑棋子，直到构造成白色线段的垂直平分线。

改变给定的线段长度，多次构造。自由分享。

第十二阶段——图形构造（2）

1. 在给定条件下，通过队列变换构造圆。

2. 通过队列变换，构造线段的垂直平分线。

操作：全班排成一个正方形，然后转到 360 度，如何始终保持"正方形"不变？（若儿童感觉难度太大，可以只要"圆形"，如果仍然感觉有困难，老师或某个儿童可以站在"圆心"的位置作为参照物，小朋友们在旋转的过程中，可以努力确保自己与参照物的距离不变。）

……

从数学发生学的角度讲，几何观念的生长具有两个不同的维度，一个是"纵向生长的维度"（伴随着年龄的增长），也就是从"拓扑几何空间观念"（2—6 岁）发展到"前欧氏几何空间观念"（6—12 岁），再发展到"欧氏几何空间观念"（12 岁以后）。另一个是"横向生长的维度"，也就是儿童的内部认知结构和外部认识对象所构成的整体，在某个时刻的"横截面"，内在的部分就是儿童当下的认知结构，而外在的部分，是儿童将自己的内在观念结构作用于外部客观世界时，所获得的"产物"（而不是与认知主体毫无关系的客观世界）。在不引起误会的前提下，我们也可以把与前者对应的几何称之为"主体几何学"，而把与后者对应的几何称之为"客体几何学"。

主体几何学是由主体的内在观念构成的，所以，它首先具有明显的"主观性"。但是，主体创造几何观念，又总是在客观世界中、接受了客观物体的启示和激发的情况下创造的，所以，它自然也具有普遍的客观性。

客体几何学是关于客观物体的几何学，所以，它首先具有明显的"客观性"。但是，绝对客观存在的物体是根本无法被主体所认知的，人类总是以自己的主观几何观念去认知客观世界，所以，它又会具有强烈的主观性。

在2—6岁期间，儿童伴随着对自身动作的逐步协调和内化，逐步建构生成了表象性的几何空间结构，并可以通过初期绘画、模仿、游戏、语言表达等途径发挥作用。但是，由于这个阶段儿童的思维还不具有可逆性，所以，他们的几何观念仍然长期处于瞎子摸象的阶段：一方面，摸到耳朵的，就在脑海中把大象想象为扇子；摸到腿的，就在脑海中把大象想象为柱子……儿童还不能通过自由想象和合理的视角调整，在脑海中表象出一个整体性的“大象形象”。另一方面，他们也不能主动地将自己的“表象结果”同客观物体进行对比，或者同其他同伴进行对话交流，从而修改完善自己的“表象结果”。

总之，在此阶段，由于表象能力的静态性和机械性，导致主体几何学和客体几何学之间仍然没有清晰的界限，空间观念仍然具有某种“混沌性”，主客交互的“动作”，仍然是儿童发展空间观念的主要途径。

第三节 评估儿童认知发展水平的基本程序

在正式升入小学之前，儿童头脑中已经有了一个立体化的认知结构，该结构由前景和背景共同构成。前景结构是由清晰的观念所组成的认知结构。背景结构则是由混沌的、浪漫的、日常化的、不够清晰的观念所组成的认知结构。比如，对于准备入学的六岁儿童来说，其前景结构中的几何部分，处于表象性空间观念发展阶段，算术部分，处于类观念和序观念逐步趋于综合的发展阶段。同时，儿童也能运用距离、欧氏几何图形的名称和某些特点、加法运算等观念解决许多日常问题，不过，这些观念正好处于儿童当下的背景结构中，儿童只能

在无意识中运用这些背景结构中的观念，却不能有意识地给出清晰的解释。对于儿童来说，前景结构中的观念是“知其然，也知其所以然”的——不仅知道怎样运用观念去解决问题，而且也能够清晰地解释这么做的理由；而背景结构中的观念，却是“知其然，不知其所以然”的——可以很自然地运用某些观念去解决问题，但是却不能清晰地解释其中的道理。

那么，父母和老师怎样才能知道，儿童当下的认知发展水平呢？我的建议是，通过临床法进行诊断，这种方法可以较为准确地评估出儿童前景结构中相关观念的发展水平。有经验的父母或老师，可以随时进行类似的评估，从而及时了解儿童内在认知结构的发展水平，并相应调整自己的教育内容、策略和方法，以促进儿童获得更好的发展。一年级新生在正式开学之前，应该非常认真地进行一次评估，以后这也可以融入日常教学过程之中进行。对于比较“特殊”（特别有潜质或无法跟上正常学习进度）的儿童，除了日常评估，每学期开学前，最好都能够进行一次。评估内容包括：前算术游戏和几何游戏。可以从本书提供的游戏中，各自选取十个作为评估测试题。根据儿童在每个游戏中的表现，老师（或父母）进行相应的打分。如果儿童在老师的引导下仍然不能很顺利地完成任务，该游戏就打1分；如果儿童在老师的引导下能够较为顺利地完成任务，该游戏就打3分；如果儿童几乎不需要教师的引导，就能非常顺利地完成任务，该游戏就打5分。

下面，简要说明一下评估的基本步骤。

第一步，老师提前熟悉各项游戏活动，包括准备游戏活动所需要的材料，熟悉游戏活动的步骤，明确每一个游戏活动的评估目的，理解针对每个游戏的打分标准等。同时，最好能够提前阅读本书中的相关内容，了解诊断性游戏活动中，成人与儿童对话交流的基本方式和技巧。

第二步，在正式开学前一周，进行诊断性游戏活动。这种活动不是常规的纸笔测试，而是由一位老师和一个儿童组成的临床性诊断活动小组。也可以由两位老师和两位儿童构成一个小组进行游戏，一位老师负责提问和适当的引导，另一位老师负责记录两位儿童的表现。整个诊断活动结束之后，两位老师通过必要的沟通和协商，确定每个儿童在每个游戏活动中相应观念的发展水平，通过打分、求和，评估出每个儿童的整体性发展水平，并完成如下表所示的评估报告。

表 1：小学一年级（入学前）各种数学观念发展水平评估报告

姓名		性别		年龄		班级	
		临床诊断特征描述				得分	
前算术游戏	游戏 1						
	游戏 2						
	……						
前算术游戏汇总							
几何游戏	游戏 1						
	游戏 2						
	……						
几何游戏汇总							
整体发展水平							

如果某个儿童的总分在 95—100 之间，说明他具有“数学超常儿童”的倾向，班级授课对他可能是无效的，需要制订相应的个性化的资优生培养方案。如果总分低于 60 分，说明该儿童整体发展水平是严重滞后的，班级授课对他也将是无效的，需要制订个性化的弥补方案。如果总分介于 60—90 之间，但是，前算术游戏总分低于 30 分，或者几何游戏得分低于 30 分，说明该儿童在前算术或几何观念的发展上，低于一般水平，需要制订针对前算术或几何观念发展的弥补方案。

以上描述的“临床法诊断与评估”，看上去有点儿复杂，这是因为小学一年级入学之前的诊断，几乎是儿童一生当中最重要的一次。在此之前，不管是家庭教育还是幼儿园教育，能够提供给小学老师的儿童发展水平的“证据”几乎是空白，再加上此阶段儿童受到自身认知发展水平的局限，一般也不能比较清晰地描述自身的发展状态，所以，有目的、有计划地评估，就显得尤其重要。而一旦进入正式的学校教育，虽然准确地诊断出每个儿童的认知发展水平，是设计每一节课和每一个单元教学方案的前提与基础，但是，除了少数极其特殊的儿童

之外，一般性的诊断活动，早已融入日常教学活动之中了，并不需要老师付出大量额外的时间和精力。最后，需要特别强调的是，虽然这里的评估结果是以量化（分数）的形式呈现的，但是，对于有经验的教师而言，定性描述肯定是更加可取的，而且，过程性的描述最重要的是要揭示出每一个儿童基于自身原有基础的成长与变化，而不是横向的竞争性对比。

其实，评估的目的，是为了发展。儿童的认知发展水平，归根结底就是儿童内在的认知结构的发展水平。教育的过程，不是往儿童的大脑中灌输大量的知识碎片，而是协助儿童积极主动地建构生成由观念和不同观念之间的关系所共同形成的认知结构。传统教育观念认为，儿童学习某个概念，总是一次学习（伴随着短期之内的反复机械操练）、一次到位，并终生受用的，但是，真相并非如此。高考结束之后，教材、试卷和各种复习资料迅速变成漫天飞舞的“雪花”，而经历无数挑战夜战所习得的知识也一股脑儿地还给了老师，难道不是铁证吗？！从儿童的角度讲，他们的认知结构从来就不是静态的、一成不变的、一劳永逸的，学习或教育的目的，就是为了促使原有认知结构朝向更加高级、复杂和形式化的方向发展。这种极其复杂的认知发展过程，可以用如下简图加以大致描述：

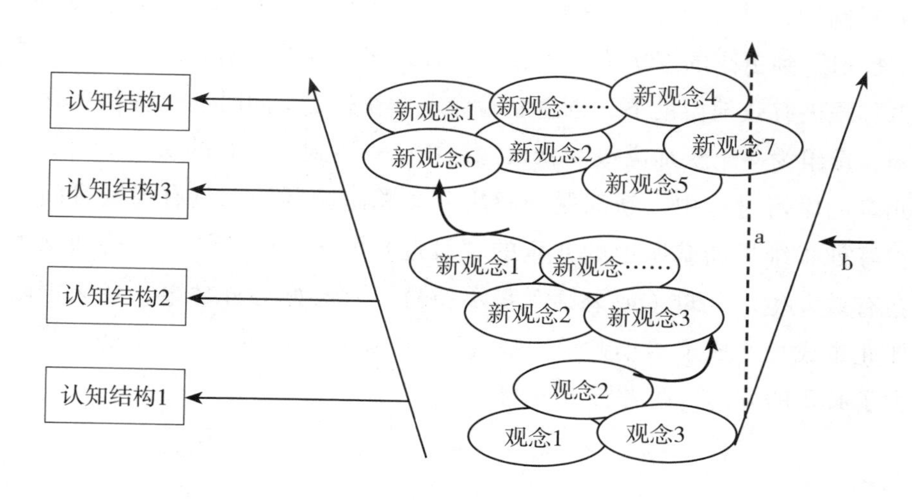

图 2-3　儿童建构生成内在认知结构的过程示意图

在上图中：观念 1、观念 2、观念 3 及其相互关系共同构成了儿童最早的“认知结构 1”，发展后的新观念 1、新观念 2、新观念 3、其他新观念及其相互关系共同构成了认知结构 2……其中，a 表示儿童内在的、源于生命本身的认知发展能量和方向，b 表示来自环境和成人的刺激、引导、激发性的力量。弧形箭头表示儿童内在认知结构的建构历程，并不是线性发展的，而是螺旋式上升的，也就是说，当儿童头脑中的认知结构处于“认知结构 3”的水平时，原有的认知结构 2（包括认知结构 1）中的若干观念，并不是全都彻底消失了，有些观念的确是被新观念替代或修正了，但是，更多的旧观念，却是以更加沉潜的、日常化的、自动化运行的方式存在着。对于每一个认知结构来说，前一个认知结构是“具体的内容”，而后一个认知结构是“抽象的形式”，在认知结构持续发展变化的过程中，“内容”和“形式”是相对而言的。

在真实的教学情景中，总是呈现出如下的形态，一旦父母或教师提问出题，或者儿童自己遭遇到新问题时，他们就会启动自己头脑中原有的“认知结构”，并且试图运用认知结构中的某个或几个观念去解决新问题。一旦能够顺利地解决新问题，儿童就会把通过解决这个新问题的过程所获得的新经验，纳入原有的认知结构之中，原有认知结构将因此而变得更加丰富和灵活。一旦原有认知结构不能很顺利地解决新问题，儿童就需要积极主动地将自己原有认知结构中的旧观念，“投射”到更高的层次上——打破原有认知结构的平衡状态，并在“外力”积极有效地协助下，创造新观念去解决问题；同时，也将新观念协调、重组为一个更加高级的新认知结构——达到一个新的认知平衡。在儿童的学习过程中，新问题的解决并非总是顺利的，只有当疑难问题正好处于维果斯基所说的儿童的“最近发展区”时，认知建构活动才会有效发生。父母（或老师）稍不留意，就会好心办坏事，要么把陪伴儿童成长变成了给小鸭子“喂食”，要么过度放纵，使儿童的成长失去了必要的方向，两者皆不可取。

第三章

6—12 岁阶段的几何游戏

在人们的习惯性思维中，基础数学教育中的几何问题，都属于欧几里得几何的范畴，这种认识是否合适呢？欧几里得几何学具有怎样的特征呢？整个小学阶段的空间几何观念，具有怎样的特点呢？它们是怎样在儿童的头脑中慢慢生长起来的呢……相信通过本章一系列好玩的游戏，大家对以上问题会拥有更为清晰的认识。本章研究的问题，在空间几何观念发生发展历程中的位置如下图所示：

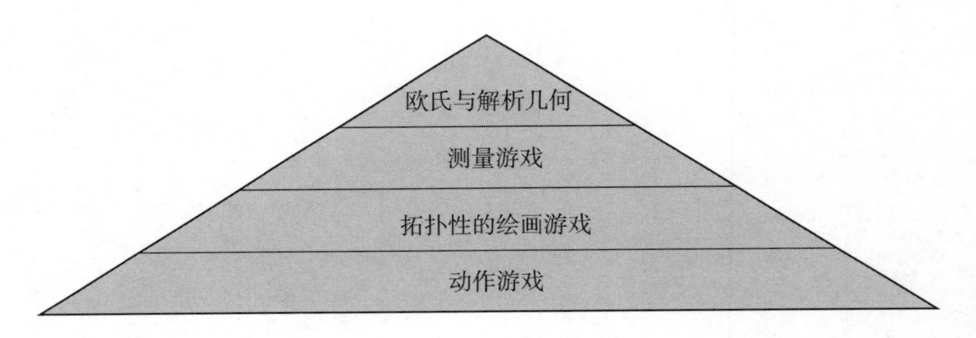

图 3-1　基于测量游戏的前欧几里得空间观念在几何观念系统中的位置

第一节 6—12 岁的儿童怎样学习一维测量问题

一、数量守恒游戏

游戏 1 离散量守恒

先介绍一下什么叫离散量守恒。离散量，简单说就是相互之间是独立存在的量，比如围棋子，即便它们紧紧地贴在一起（没有分开），它们仍然属于离散量；而一根木棍则可以看作是“连续量”。离散量守恒，简单来说就是一些独立存在的物体，它们的排列次序，或者摆放形状虽然改变了，但是它们的数量却保持不变。

游戏材料：围棋子若干（可用其他材料代替）。

游戏目的：协助儿童建构生成离散量的守恒观念。

适龄儿童：5—7 岁。

游戏参与者 1：冬冬（4 岁 2 个月）。

游戏过程：

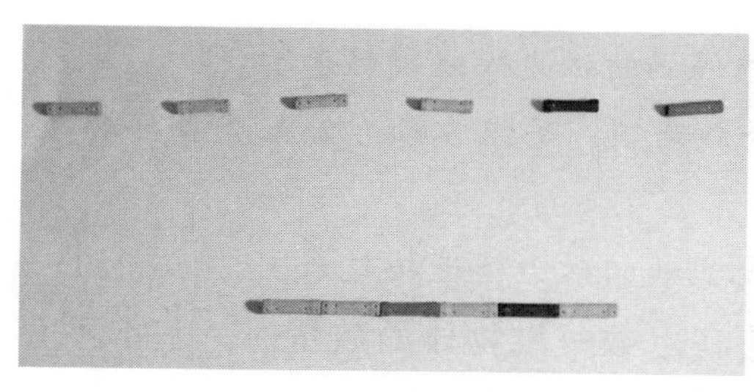

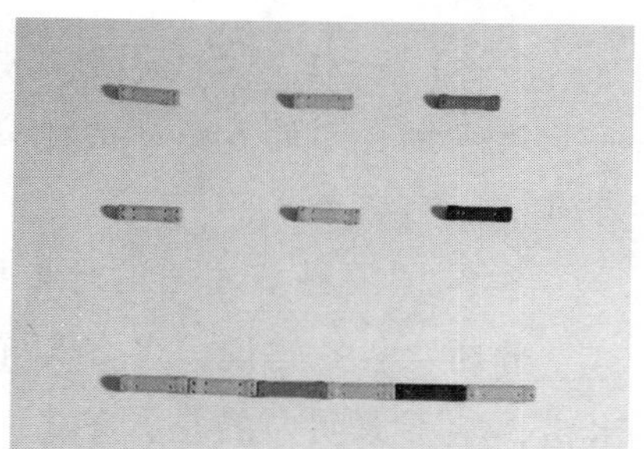

冬冬手里有6根磁力棒（因相互吸引而连接在一起），妈妈也拿出6根磁力棒（也是连接在一起的），妈妈让冬冬数清楚，并确认妈妈和冬冬的磁力棒一样多。然后妈妈把自己的磁力棒隔开摆放（如上页左图上边一行）。

妈妈："我们的磁力棒一样多吗？"

冬冬："不一样。"

妈妈："谁的多？"

冬冬："妈妈的多吗？"（显得很不确定，想寻求妈妈的确认）

妈妈："你可以数一数啊，看看妈妈有几根磁力棒？"

冬冬用手指点起数来，但是隔着一定的距离，并没有逐一指到每一根磁力棒。

冬冬："7根。"

妈妈表示质疑，让她再数，她还说7根。

妈妈用手指逐一指着每一根磁力棒，让她来数。

冬冬："6根。"

妈妈："我们一样多吗？"

冬冬开始试图把自己的磁力棒也像妈妈一样分开摆放。但是因为磁力棒之间会彼此吸引或排斥，摆弄了一阵儿没成功，于是她放弃了。转而把妈妈的磁力棒又连接起来。

冬冬："一样多！"

妈妈再把自己的磁力棒隔开摆放。

妈妈："一样多吗？"

冬冬："一样多。"（同时又把妈妈的磁力棒连接起来）

妈妈把自己的6根磁力棒分成两组，每组3根（如上页右图），然后问："一样多吗？"

冬冬："一样多。"（同时又把妈妈的磁力棒连接起来）

分析：冬冬妈说，冬冬以前在点数一堆物体的数量时，基本不会出错，她不太明白的是，冬冬一开始数磁力棒时，为什么会两次数错。而在靠后的几次提问中，冬冬又都能比较稳定地回答"一样多"，并试

图把妈妈的磁力棒变成和自己的磁力棒相同的形状。其实这说明冬冬想要通过自己的操作活动，来验证答案。

现在的问题是，冬冬是否建构生成了“离散数守恒”观念呢？为什么一开始会“数错”，而后来的回答又基本没有问题呢？这种前后不一致的现象怎么解释呢？一般来说，“离散数守恒”与“科学的数观念”是同步发生的，从游戏过程来看，冬冬还不能理解科学的数观念。她以前点数物体数量时之所以不会出错，可能是因为她把“机械计数”本身当成了一种游戏，而且能够从这种游戏中，无意识地获得某种“乐趣”（诸如节奏、韵律等），所以她才不会“出错”。但是，这一次却不同。冬冬需要借助“机械计数”这个工具，去做出一个认知判断：排列不一样的两行磁力棒的数量是否相等？这对冬冬来说，显然是一个新挑战，所以她才会出错。

冬冬妈说：“冬冬尝试把自己的磁力棒也分开摆放，是一种动作尝试，虽然由于其他原因失败了，但能看出这是她的动作智慧。”真实的情况也许是，她的“尝试”其实只是试图“模仿妈妈的动作”，模仿肯定算是一种“动作智慧”，但依此判断“冬冬已经能通过动作——把分开摆放的磁力棒恢复为连续的——来证实自己的磁力棒和妈妈的磁力棒一样多”，也许是过度分析，因为纯粹的模仿与有意识的证实行为，有着本质性的差异。单纯的模仿不需要可逆性，而证实必须建立在可逆性的基础上。冬冬后来多次回答“一样多”，并想要通过改变磁力棒的形状进行“验证”，其实仍然不是验证，而是模仿，这种模仿一方面是因为多次重复游戏导致的，另一方面磁力棒之间的吸引力，可能对冬冬的模仿行为是一种无意识的诱导，应该还不是冬冬主动的、有意识的验证行为。一般来说，4 岁儿童还无法理解“离散数守恒”，更不能理解“长度守恒”。当然，从冬冬妈的描述过程来看，冬冬在整个游戏过程中是愉悦的，这种愉悦来自她通过模仿解决问题之后的成就感。

游戏参与者 2：越越（4 岁 8 个月）。

游戏过程：

老师摆了 9 颗棋子，也让越越摆 9 颗棋子，结果他摆到第 6 颗棋子时停住了，因为他的6颗棋子和老师的9颗棋子长度一样了。

老师让越越数数是不是够9颗了，一数不够，越越又摆了3颗。

老师问："咱俩谁摆得多？"

越越说："我摆得多。"

老师："为什么？"

越越："不知道。"

在下图中，上面是越越摆的9颗棋子，下面是老师摆的。

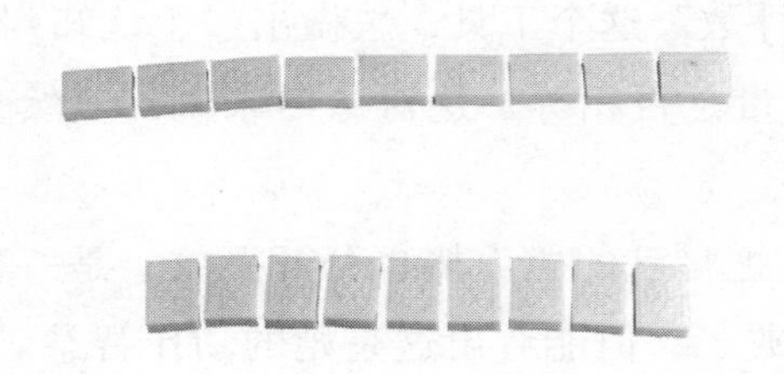

分析：这是一个离散量守恒实验。一般来说，离散数（如自然数）守恒，要略早于连续量（如长度）守恒，前者需要6岁左右才能达成，而后者一般要等到7岁左右。整体上讲，越越还没有掌握"守恒观念"，他的判断是受视觉控制的。当老师提醒他"数一数"时，他根据机械计数的结果，做出了适当的调整，但是，从他最后断定他摆得多可以知道，他还没有真正形成科学的数观念（6岁左右才可以）。所以，老师的"提醒"其实并不合适，如果能够跟越越一起做"一一对应"的游戏（你摆一个，我摆一个，手牵手，找朋友），也许更好一些，因为这种游戏，对于儿童形成科学的数观念，有很好的促进作用。当越越坚持自己摆得多时，老师没有强行纠正，并"灌输"正确答案，这种做法非常好，因为对于越越而言，重要的是游戏，以及游戏过程本身带来的愉悦。

对于低龄儿童来说，最重要的是在适宜的环境中，将自己的动作经验不断内化，从而诞生新观念。这种自然地诞生新观念的过程，对于儿童来说，就仿佛是他们自己在发明新观念、创造新观念。那些系统化的客观存在的科学观念，一方面构成了儿童的或远或近、或隐或显的模糊的认知背景；另一方面，父母或老师也可以在适当的时候，以其为资料，为儿童的认知活动提供必要的“刺激”和“冲突”，当然，只有在“最近发展区”中，成人创设的刺激和冲突才会有效。在这个实验中，如果老师引导越越进行“一一配对”，越越会发现“的确是一样多的”，但是，这与他的“视觉结果”是对立的、有冲突的。在多次这样的游戏活动中，儿童就会根据自身动作，对矛盾和冲突进行协调和重组，从而生成新的认知结构。换句话说，由“一一配对”引起的认知刺激和冲突，在越越的“最近发展区”中，而“数一数”（算术计数），却无法促使儿童有效解决自己的认知冲突，所以，认知效果就会大打折扣。

游戏参与者 3：小瀚（5岁4个月）。

游戏过程：

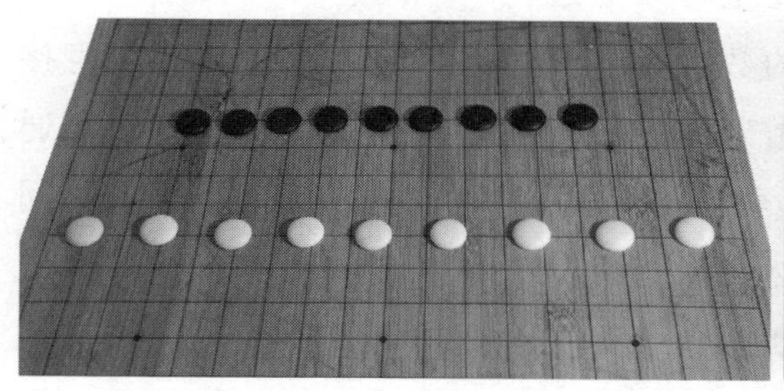
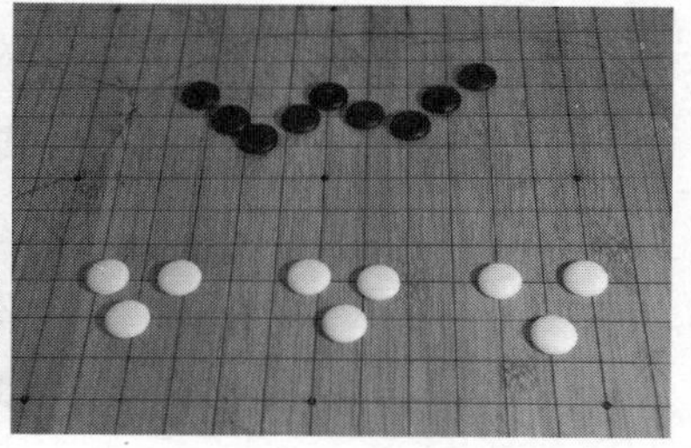

老师先在桌子上摆了一行黑棋子（共9颗），然后对小瀚说：“请摆出一行同样数目的白棋子。”小瀚居然摆出了出人意料的形状（上面左图中的白棋子）！

老师：“为什么摆成这样？”

小瀚：“一样多啊，白棋子看上去要长一些，只是它们之间距离大一些，我数过了，都是9颗。现在你闭上眼睛吧。”

过了一分钟，当老师听从小瀚的“吩咐”睁开眼睛时，居然看到了上面右侧那个图形。老师大吃一惊地问道：“这是什么意思啊？”

小瀚非常肯定地说："白棋子和黑棋子的形状虽然不一样，但它们肯定是一样多的！"

分析：这个游戏，小瀚已经很熟了，老师以前陪他玩过多次，只不过每次都是由老师或者小瀚按照老师的"要求"，改变棋子排列的形状，然后由小瀚回答问题。今天的游戏活动说明：

1. 小瀚经过多次游戏活动已经理解，白棋子的排列变长了，只是因为间距变大了，黑棋子与白棋子的数量其实是一样的，他已经理解了离散性数量守恒观念。

2. 他已经不再满足于被动地回答问题，而是试图自己去"掌控"游戏活动，虽然这种掌控，还带有某种"模仿"的性质，但从儿童探索世界的主动性而言，仍然具有某种突破性。

3. 游戏活动可以有效地协助儿童建构数学观念。一般来说，儿童在 6 岁左右才能建构生成离散量守恒观念，从时间上来说，小瀚显然是"提前"了。

儿童的离散量守恒观念，一般会经历三个发展阶段。

第一个阶段是萌芽期。儿童可以通过"一一对应"的方法，判断形状或排列不同的两堆物体的数量是一样的。但是，如果让儿童直接判断，他会在视觉影响下，做出错误的判断。甚至，即便儿童已经通过"一一对应"的方法，判断物体数量是"一样的"，随后再接着询问"是否一样多"时，儿童仍然会回答"其中一堆多一些（视觉）"，仿佛前面做出"一样多"的判断跟他毫无关系。但是，不管怎么说，儿童已经可以运用"一一对应"的观念，判断两堆（或行）形状不一样的物体，在数量上是"相同的"，这就说明，"守恒观念"已经在儿童的脑海中，冒出了"嫩芽儿"。

第二个阶段是生长期。虽然儿童在直接判断的情况下，会认为"看上去"数量不同的两堆（或行，或其他形状）物体，就是不一样多的，但是，儿童不仅能够用"一一对应"的方法，而且能够使用"机械计数"的办法来判断，两堆物体的数量的确是一样多的。而且，如果随后再直接追问"是否一样多"时，儿童能够克服视觉上的影响，做出跟"视觉结果"完全相反的判断。

第三个阶段是成熟期。儿童可以不经过动作操作，就能够克服视觉上的影响，直接根据物体的数量做出准确的判断。

游戏2 物质的量的守恒

这里，物质的量的守恒，是指一个物体虽然看上去形状改变了（比如，一个彩泥球变成了一个彩泥条；矮粗杯子里的水倒进了细高杯子里，等等），但是构成它的物质却保持不变。

游戏材料：彩泥若干。

游戏目的：协助儿童建构生成物质的量的守恒观念。

适龄儿童：5—7岁。

游戏参与者1：越越（4岁8个月）。

游戏过程：

妈妈用面团揉了两个圆球，问一样大吗？

越越说："不一样大。"（估计是凭直观视觉）

妈妈告诉越越，这两个球是一样大的。

然后，妈妈把其中一个球压扁，问："现在它们谁大谁小？"

越越说："压扁的那个大。"

分析：这个实验涉及"物质的量的守恒"，它的达成阶段处于"离散量守恒"和"长度守恒"之间。从游戏活动来看，越越还未形成物质的量的守恒观念。当然，这并不是说父母不应该跟儿童一起玩这样的游戏，而是要更巧妙、更智慧地玩儿。比如说：当越越说"两个圆球不一样大"时，妈妈可以让越越自己动手操作，并让他自己做出判断，而不是直接告诉他这两个球是一样的。当越越说"压扁的那个大"时，是"球饼所占的面积"成了他的"视觉焦点"，所以，他根据"视觉的大"而做出判断。父母可以将游戏继续下去，也就是将球饼越压越薄，虽然球饼同时也越来越大，但是，这个阶段的儿童，一般会改变自己的判断，说"另外那个没有被压扁的球更大一些"，为何会出现这种"矛盾"呢？

事实上，"矛盾"只是成人的感觉，对于越越这个阶段的儿童来说，不仅不矛盾，而且非常顺理成章，因为儿童的"逻辑"是：当球饼越来越薄时，“薄”成了“视觉焦点”，他们会将“薄”自然地与“小”进行对应，所以，当然是原来那个没被压扁的球更大一些。这个阶段的儿童，还不能同时对“大”和“薄”两种因素进行关注和协调，一个因素出现时，另一个因素就消失了，儿童总是遵循着他们自己的“认知逻辑”，依据他们自己内在的认知结构的发展水平，做出相应的判断。至此，有经验的父母或老师还会将游戏继续进行下去，比如，请儿童把很大很薄的彩泥饼重新捏成彩泥球，并问现在两个彩泥球一样大吗？儿童一定会回答“一样大”。为什么呢？原因其实很简单，因为两个球“看上去”就是一样大的。但是，中间错综复杂的操作过程和各种判断结果难道都不存在吗？当然都存在，只不过，它们只存在于儿童“外在”的动作之中，这些动作中蕴含的“逻辑”暂时还不能“内化”为儿童内在的思维活动。所以，重复性的游戏活动，对于儿童的认知发展是非常重要的，儿童正是通过大量重复性的游戏活动，逐步将外在的动作逻辑内化为儿童自己的内在思维逻辑。

游戏参与者 2：小瀚（5 岁 4 个月）。

游戏过程：

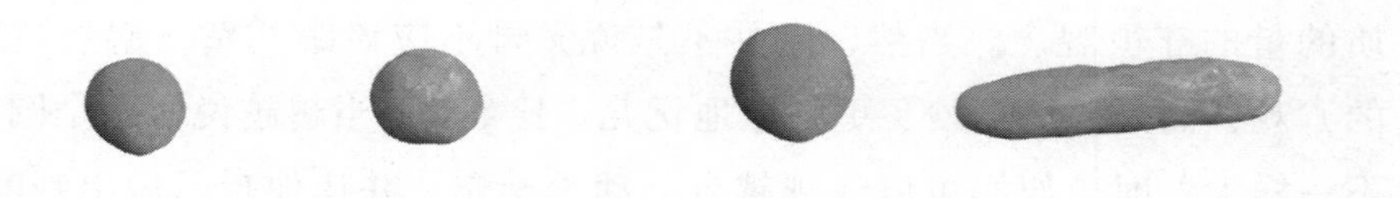

爸爸：“这两个彩泥球一样大吗？”（左侧图片所示）

小瀚：“一样大。”

爸爸：“当我把其中一个小球搓成长条状，这个时候，彩泥是变多了，还是变少了，还是没有变？”

小瀚：“没有变。”

爸爸：“为什么呢？它们的样子明显不一样啊。”

小瀚：“只不过是样子改变了。”

爸爸："哦，还有其他原因吗？"

小瀚："它看上去变长了，但是它也变细了，所以没有变。而且，我还可以把它变回去。"然后就开始动手揉搓彩泥条，很快就又变成了原来的彩泥球。

分析：这个游戏，大概半年前也多次玩过，只是小瀚回答问题的思路，从来没有像今天这样清晰。很显然，他已经基本理解了"物质的量的守恒"。当他说"只不过样子改变了"的时候，意思是说虽然彩泥的样子改变了，但是，物质（彩泥）还是原来的物质，既没有增多，也没有减少。当他说"它变长了，但它也变细了"的时候，意思是说"变长"是通过"变细"这个动作来实现的，而对于构成物质的量来说，始终保持不变。当他说"我还可以把它变成原来的彩泥球"的时候，意思是说"从球变成条"可以通过"从条变成球"这个逆向性动作，使物质恢复到最初的样子。

物质的量的守恒观念，也会经历三个发展阶段。

第一个阶段是萌芽期。儿童完全无视游戏活动的中间过程而直接根据动作的结果，判断物质的量是一样的。比如，对于前面的越越来说，如果妈妈让他把彩泥饼重新捏成彩泥球，他就能够直接根据结果，判断两个彩泥球是一样的（当然，前提是他开始时就认同两个彩泥球是一样大小的）。

第二个阶段是生长期。儿童虽然还不能非常清晰地判断物质的量的守恒，但是，在自由的操作活动中，儿童逐步认识到，不管怎样捏搓彩泥，彩泥仍然还是那些彩泥，既没有增多，也没有减少，从而判断"物质并没有改变"。

第三个阶段是成熟期。前文的小瀚就处于这个阶段。不过，熟悉的情境，有可能会让儿童看上去处于"超前发展"的状态。比如对于小瀚来说，彩泥游戏实在是太熟悉了，所以，在他 5 岁 4 个月时，物质的量的守恒观念就已发展到成熟阶段。假如换成他不熟悉的"倒水游戏"，或许我们就会发现，他相应观念的真实发展水平，可能并没有达到成熟阶段。

二、距离游戏

游戏 3 **木棍的长度**

游戏材料：大约 1.5 米长的木棍。

游戏步骤：

1. 请儿童跟木棍比高矮。

2. 把木棍移动到较远的地方，请儿童判断木棍的长度是否发生改变。

游戏目的：协助儿童建构生成长度观念。

适龄儿童：5—7 岁。

游戏参与者 1：小瀚（5 岁 4 个月）。

游戏过程：

老师出示一根约 1.5 米长的木棍，问："小瀚，这根木棍比你高还是比你矮？"

小瀚拿过去跟自己比了比，然后说："比我高啊。"

老师把木棍拿到离他大约 40 米之外的地方，问："小瀚，木棍现在变高了，还是变矮了，还是没变化？"

小瀚："没变化。"

老师："为什么？"

小瀚："看上去好像变矮了，但是，还是原来那根木棍啊。"

老师："当我们站在马路边上，看到红色的小汽车越跑越远，也会变得越来越小，这是为什么呢？"

小瀚："如果我们也开车，而且跟它一样快的时候，它就没有变啊。"

分析：儿童在 2 岁左右，就已经获得了"永久客体"观念。当然，那是静态的客体不变性。这个实验，跟透视问题相关，而且涉及动态的客体不变性问题。不管是远离的木棍，还是远离的红色汽车，视觉上，越变越小是一个铁一样的事实，但是，小瀚已经可以克服视觉上的干扰因素，而依据自己的内在认知结构，做出正确的判断。我最后

提出的那个问题，的确有点儿强人所难了，因为这涉及眼睛的（凸透镜）成像原理。但是小瀚依据自己的日常生活经验（妈妈每天都会开车接送他上幼儿园），给出了“神奇的答案”！

游戏 4 木棍间的距离

游戏材料：两根小木棍，一块厚纸板。

游戏步骤：

1. 感受两根木棍之间的距离。

2. 在两根木棍之间增添一块厚纸板，请儿童判断木棍之间的距离变化。

游戏目的：协助儿童建构生成距离观念。

适龄儿童：4—6 岁。

游戏参与者：小瀚（5 岁 4 个月）。

游戏过程：

老师在书桌上竖直摆放相距 30 厘米的两根细木棍，问小瀚：“你看到了什么？”

小瀚：“两根站着的小木棍。”

老师：“它们相隔有多远？”

小瀚：“这么远啊。”（用两手比画一下）

老师在两根木棍中间放上一块厚 3 厘米的纸板墙，接着问：“两根木棍之间的距离有变化吗？”

小瀚：“有变化，变短了。”

老师：“为什么呢？”

小瀚：“你看啊，就是变短了。”（他用手从左边的木棍到纸板墙比画了一下，显然，“两根木棍之间的距离”已经被他换成了“左边那根木棍到纸板墙的距离”了）

老师：“我问的是‘两根木棍’之间的距离啊。”

小瀚：“哦，没有变。”（好像恍然大悟似的）

老师：“为什么？”

小瀚：“因为两根木棍都没有动啊，中间只不过挡了一块纸板。”但是，表情显得有些犹豫不决，随后说："等会儿啊，我还是数数吧。"

在老师无比惊讶的目光中，他从左侧木棍开始沿直线方向缓慢"点数"：1，2，3……被中间的纸板墙挡住时，他迅速从墙壁的一侧跳到另一侧，并继续沿着与开始大致相同的方向接着点数，到达右侧木棍时，他数到"30"。然后，他移开中间的纸板墙，重复刚才的动作，结果数到"40"，于是，他"非常肯定"地说："变长了！"（潜台词是：当添加纸板墙之后，两根木棍之间的距离变短了。）

分析：这个游戏以前也玩过，一旦添加了纸板墙，小瀚就会说"距离变短了"。因为那时候在他看来，"距离"就仿佛是一个充满某种物质的空间，既然纸板墙占据了部分空间，那剩下的空间当然就减少了。依据"视觉效果"，他认为"空洞的空间"和"充实的空间"是有差异的，这种差异直接影响了他对距离的判断。甚至当我提示"如果在纸板墙上挖一个洞会怎么样"时，他居然说"挖的洞要足够大，否则距离还是变小了"。总之，视觉的影响力太大了，他根本无法摆脱它的控制。而现在，他已经可以正确判断"距离没有改变"了。但是，当他试图寻找"更加科学的依据"，也就是直接进行测量时，他遇到了新的困难，他从自己已有的认知结构中，找到的测量工具是"算术计数"，但是，他还不知道"算术计数"并不能作为距离的测量工具，而且，这个问题也许远远超越了他当下的认知发展水平。性急的家长或老师可能就会立即开始教授"长度测量"了，不过，我们也许一不小心就成了"填鸭高手"。因为依据小瀚在这个游戏中的反应，我们可以判断他目前并没有处于学习长度测量的"最近发展区"，所以，立即教授一维长度测量并不合适。

游戏 5 蚂蚁走路

游戏材料：火柴或小木棍若干。

游戏步骤：

1. 让两只小蚂蚁（假设）分别通过下面三组由火柴棍组成的道路（每组有两条道路），询问：两只蚂蚁走过的道路是否一样长？

2. 将路径改为直接画在纸上的直线和折线，询问儿童：两只蚂蚁走

过的道路是否一样长？

游戏目的：协助儿童建构生成距离观念。

适龄儿童：5—7岁。

游戏参与者1：冬冬（4岁5个月）。

游戏过程：

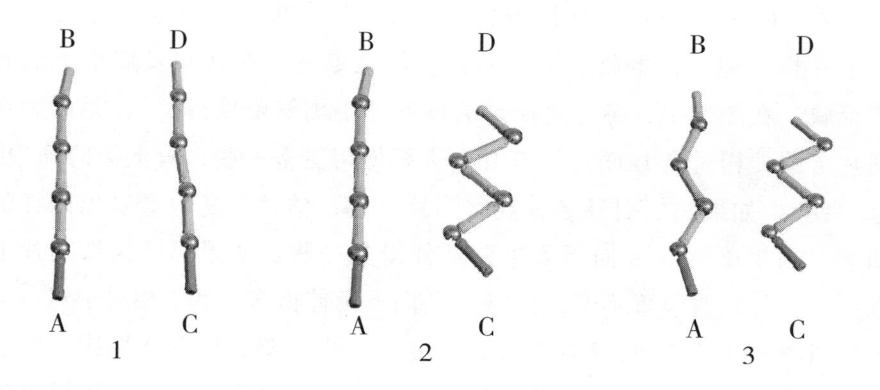

妈妈："我用磁力棒和珠子摆了如图1的形状。（指着磁力棒问）小黑蚂蚁从这儿（指A）跑到这儿（指B），小白蚂蚁从这儿（指C）跑到这儿（指D），它们跑得一样远吗？"

冬冬："一样远。"

妈妈："我把一组磁力棒变换了形状（结果如图2），（再指着磁力棒问）小黑蚂蚁从这儿（指A）跑到这儿（指B），小白蚂蚁从这儿（指C，并沿着曲折的磁力棒线条画向D）跑到这儿（指D），它们跑得一样远吗？"

冬冬："不一样远。"

妈妈："谁跑得远呢？"

冬冬："小黑蚂蚁。"

妈妈再把磁力棒变回图1的模样，重复上述过程，冬冬给出的答案是"一样远"。

妈妈再把磁力棒调整为图3的模样，重复上述问题，冬冬仍然说小黑蚂蚁跑得远。

分析：按照冬冬妈妈的说法，冬冬肯定不具备长度守恒观念，不管是回答“一样的”（图 1）或者“不一样”（图 2），冬冬的判断依据都是“视觉化”的。冬冬妈妈的判断是对的。在冬冬的内在认知结构中，的确还没有形成“长度守恒观念”。在图 1 中，冬冬依据视觉回答说“一样的”，如果妈妈继续追问为什么，冬冬可能会说，它们看上去就是一样的。当然，如果妈妈继续追问，她也可能去“点数”，或者“手拉手，找朋友”（一一对应），然后做出“一样的”判断。这些认知过程表面上不一样，但是，本质上并无差异，都是冬冬内在认知发展水平的真实反映。在图 2 中，冬冬之所以会回答“小黑蚂蚁跑得远”，是因为在图片上端，相对点 D 而言，点 B 向上延伸得更多一些，看上去的确“更远一些”。如果妈妈引导冬冬观察图片下端，估计冬冬也会做出同样的回答，因为凑巧点 A 向下方也要延伸得多一些。如果妈妈保持图片上端两个点的相对位置不变，而将点 C 向下延伸得多一些（相对于点 A），冬冬可能就会改口说，小白蚂蚁跑得远一些。图 3 与图 2 相比，对于冬冬妈来说是不一样的，而对于冬冬而言，同样都是“点 B 离得更远一些”（相对于点 D），所以，冬冬其实并不认为两个图有什么不同。这一切都说明，当儿童处于与冬冬类似的认知发展阶段时，他们的距离观念还深受视觉因素的影响和控制。

游戏参与者 2：小瀚（5 岁 4 个月）。

游戏过程：

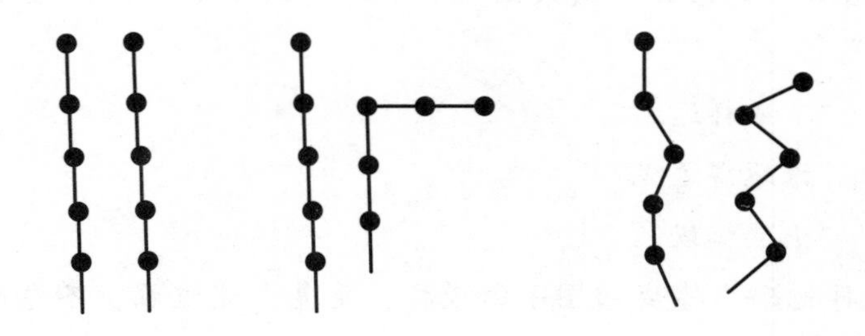

老师提供了火柴若干，并摆成上面显示的三个图形，每个图形有两条道路。

老师：“这里有两条道路（左图），两只蚂蚁各走一条道路，它们走

的路程一样吗？”

小瀚：“肯定一样啊，两条路都是由 5 根火柴组成的呀。”

老师：“如果道路变成这样呢？（前页中图）”

小瀚：“还是一样的，虽然这条路（右侧）拐弯了，但还是用 5 根火柴组成的。”

老师：“如果变成这样呢？（前页右图）”

小瀚略微迟疑了一下，然后说：“一样的，两条路都是弯的，不过，它们都是由 5 根火柴组成的。”

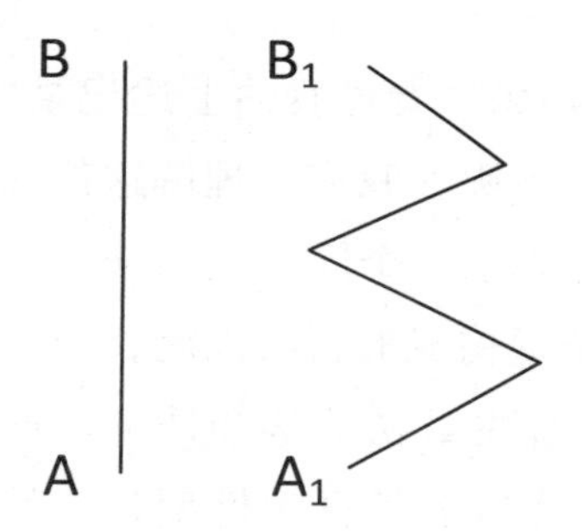

然后，老师在一张白纸上画出上边这个图形，问：“一只小蚂蚁从点 A 爬到点 B，另一只蚂蚁从点 A_1 爬到点 B_1，谁爬的路程远一些？”

小瀚：“一样远啊。”

老师非常惊讶，一条道路是直线，另一条是“弯路”，再加上前面的回答都“毫无问题”，现在怎么出现问题了呢？太意外了！但是，老师还是努力掩饰了一下自己的“惊讶”，继续问道：“真是一样远吗？你用手比画比画怎么样？”

小瀚用手比画了一下，然后说：“如果把这一条（右侧）拉直了，它就远一些；如果不动，两条路就是一样远的。”

分析：这的确是个令所有成人都惊讶不已的现象，为什么会这样呢？我认为原因也许有两点：其一，前一个问题中，火柴棍是具体的物体，儿童不仅可以看到，而且可以操作它、摆弄它，是一个可以通过“动作”进行认知的问题。在后一个问题中，道路 AB 和 A_1B_1 是老师画在纸上的，儿童只能通过视觉看到它，而不能通过具体动作操作它。这再次说明，早期儿童的智慧，是偏向“动作性”的，而非成人式的“大脑运算”。其二，在前一个问题中，单个火柴实际上充当了“测量单位”的作用，儿童总是首先会使用某种工具或者观念，但是，一开始的使用，往往是无意识的，他们还不能有意识地对测量单位进行聚焦，也就是说，一根火柴棍还没有被儿童内化为一种测量单位。在后一问题中，潜在的测量单位“消失”了，由于儿童脑海中还没有形成有关测量单位的观念，所以，他自然不会主动地去寻找新的测量工具，在这种情况下，他的思维活动，重新“退回”到较为低级的认知水平——根据视觉做出判断。

值得一提的是，有一位5岁男孩的妈妈，看过我的上述记录之后，提出：能否将上述两个问题的次序颠倒一下呢？我完全理解这位妈妈的“潜在逻辑”：将画在纸上的折线图，作为第一个问题提出来，先引起儿童强烈的认知冲突；然后再引出由火柴棍构成的折线问题，引导儿童在具体的操作中解决实际问题，并进而解决最初的认知冲突。这是一个看似合情合理的教学设计，然而，其背后的教育学模型是“教师视角”，而非“儿童视角”。“教师视角”的教学设计，考虑的是客观的知识逻辑，而忽视儿童当下的认知起点和认知发展的可能性。所以，“教师视角”看上去非常符合逻辑，但是往往事倍而功半！相反，“儿童视角”关注的焦点问题是：儿童当下的认知起点和认知发展的可能性，也就是说，关键不是“有没有”认知冲突和是否符合客观性的知识逻辑，而是认知冲突是否处于儿童的“最近发展区”，不在“最近发展区”的认知冲突，一律是无效的！通过游戏活动，我们可以判断，画在纸上的折线长度问题，显然处于5岁4个月儿童的“最近发展区”之外，所以，调换两个问题顺序的教学设计，并不合理。

游戏6 测量塔高

游戏材料：各种积木，泡沫挡板，小桌子，木条等。

游戏步骤：

1. 成人预先在地面上搭建一座塔。

2. 请儿童在小桌子上搭建一座同样高度的塔。

3. 如何判断两座塔的高度是一样的？

游戏目的：协助儿童建构生成高度观念。

适龄儿童：5—8 岁。

游戏参与者 1：小瀚（5 岁 4 个月）。

游戏过程：

老师预先在地板上用木块搭建了一座塔，然后建议小瀚在小桌子上用乐高搭建一座同样高度的塔，中间用一块挡板隔开，使小瀚在建塔时不能同时看到地板上的塔，他只有绕过挡板才能看到。一开始，小瀚只是专注地搭建自己的塔，后来，他绕过挡板看了几次地板上的木块塔，随后他就宣布：两座塔已经一样高了。

老师："你是怎么判断它们是一样高的？"

小瀚："我看到的，它们就是一样高的。"

但是，据老师目测，两座塔的高度并不一致。但是很显然，如果没有"新的刺激"，已经很难改变小瀚的判断了。

老师："但是，我觉得它们并不一样高啊，这里有一根窄木条（下图中的木条 AD），你看看有没有什么用？"

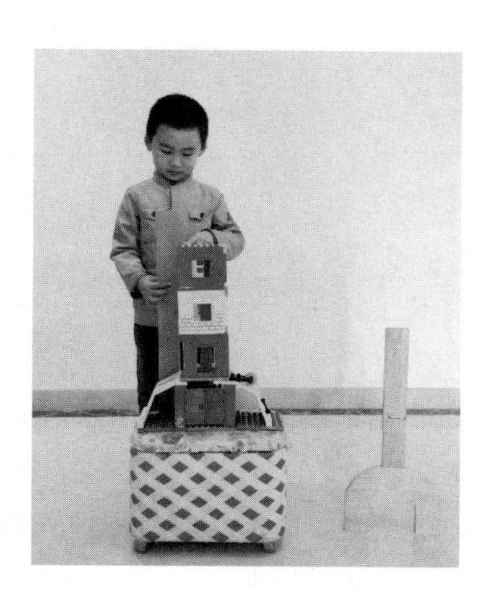

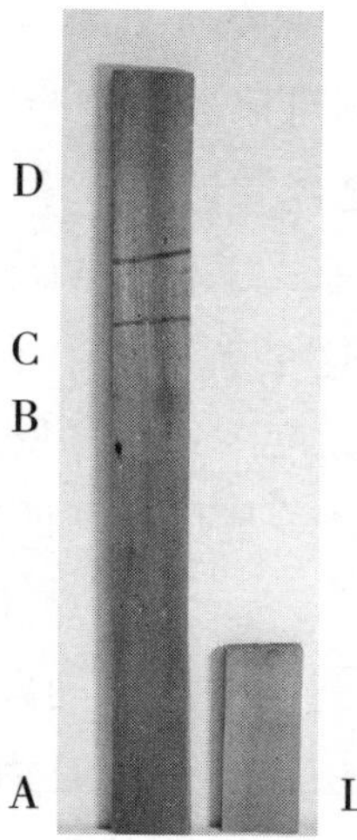

小瀚把木条的 A 端（A、B、C、D 都是笔者为了描述方便事后加上的刻度位置）与他的积木塔的顶端对齐，并把积木塔移到小桌子的

边缘，用手握住积木塔的底部与木条平齐的地方，然后用紫色画笔在木条上手握住的地方画了一道标记线（B处）。接着，小瀚把木条的A端与地板上的木塔的顶端对齐，但是因为木条AD的高度大于木塔的高度，所以，木条不能竖直地放下来，翻来覆去地折腾了大约一分钟，还是解决不了。看来，小瀚再次遇到“大难题”了。

老师：“把木条倒过来，看看行不行？”

小瀚把木条倒过来，A端与地面接触，木塔的顶端高过了B处，他说：“哦，木塔高一点儿。”并且用画笔做了一个标记线（C处）。随后，他将木条转移到小桌子上，并且非常自然地将木条的A端放在小桌子的桌面上（要知道，他一开始可是将A端对准积木塔的顶端的）。同时，添加了两小块积木，积木塔的顶端和木条C处一样高了，他于是非常肯定地说：“我建的塔本来矮一些，不过，现在一样高了。”

老师：“如果没有窄木条AD，而只有这个小木条（上图中的木条L），你能比较两座塔的高矮吗？”

小瀚想了想，然后非常坚决地说：“肯定不能！”

老师：“为什么？”

小瀚：“小木条实在太短了，两座塔那么高，不能比！”

看他说得如此坚决，老师也就不再“贪心”，游戏也就结束了。

分析：我们可以通过这个游戏观察到，小瀚已经有了初步的高度观念：其一，他已经知道积木塔的高度与小桌子无关，这与低龄儿童有了显著的差异；其二，木条AD虽然不是他主动寻找的测量工具，但是，一旦他拥有了这个新工具，他的操作活动基本是流畅的，而且总是朝向“比较两塔高度”这个“既定的目标”；其三，他在游戏过程中，已经基本掌握了“等量代换”的观念：积木塔的高度等于木条的高度AC，木条的高度AC等于木塔的高度，所以，积木塔的高度就等于木塔的高度。这是关系到一维测量问题的一个重要观念。小瀚也许只是停留在“会操作”的层面，但这是内化为认知观念的前奏。不过，他面对小木条L时的表现，说明他离正式获得“一维测量观念”还有相当的距离（上述描述中的“积木塔”是小瀚搭建的，而“木塔”是地面上的，由老师搭建的塔）。

游戏3至游戏6，都与线段的长度（两点间的距离）有关，而线段的长度又与一维测量问题有关。儿童一维测量观念的发展，也可以大致分为三个阶段：

第一阶段是萌芽期。在3—4岁左右，儿童就可以定性地描述一根木棍是“长的”或“短的”。随后，他们也可以定性地比较两根木棍的长度，比如：这根木棍长一些，那根木棍短一些。同时，他们也可以利用“一一对应”或“机械计数”，初步判断两个物体的长度是相同的或不同的。

第二阶段是生长期。在6岁左右，儿童首先建构生成了“离散量的守恒”观念，随后是“物质的量的守恒”观念，在此基础上，儿童能够逐步定性地描述“连续量的守恒”问题。比如，小瀚在火柴游戏中的表现，一根一根的火柴本来是“离散”的，但是，如果把它们“连接”在一起，就变成了一个特殊的与长度相关的“连续量”问题。当把连续的5根火柴，分别摆成直线和折线时，6岁左右的儿童，就能判断它们是“一样长的”，但是，如果面对画在纸上的直线和折线，此阶段的儿童往往还难以做出准确的判断，也就是说，儿童还没有真正建构生成“长度守恒”观念。

第三阶段是成熟期。大约在7—8岁，儿童可以形成长度和距离的守恒观念，而且他们不仅能够理解“一拃”“一步”等与长度测量相关的日常概念，也能够选择合适的工具，进行科学的长度测量。

三、图形构造游戏

游戏7 用棋子构造圆形

游戏材料：围棋子若干。

游戏步骤：

1. 老师先在桌面上摆好间距为6厘米的一黑一白两颗围棋子。

2. 请儿童在桌面上摆放其他的白棋子，使得新摆放的白棋子到黑棋子的距离都等于6厘米的距离。

游戏目的：协助儿童建构圆观念。

适龄儿童：5—7 岁。

游戏时间：2015 年 2 月 16 日。

游戏过程：

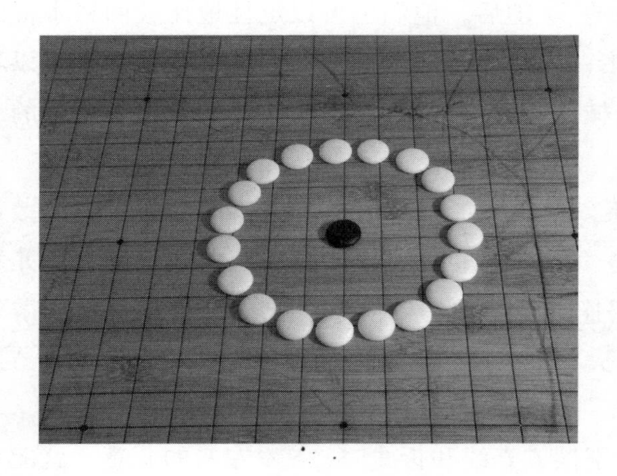

老师："你看到了什么？"

小瀚："一颗黑棋子，一颗白棋子。"

老师："它们之间的距离有多长？"

小瀚："这么长。"（他用手比画给老师看）

老师："好，我们现在固定这个距离不动（相距大约 6 厘米），你能再摆放一些白棋子，让新加进来的白棋子到黑棋子的距离与开始的两颗棋子间的距离相等吗？"

小瀚："可以啊。"边说边在"另一边"，也就是大致与最初的白棋子"对称"的位置，摆了一颗白棋子。

老师："还能接着摆放吗？"

小瀚："可能行吧，我试试。"他在左右两侧（对称的位置）放上两颗白棋子，并用自己的食指和大拇指构成了一把"临时的尺子"量了一下，并微调了一下各个白棋子的位置，以确保它们到黑棋子的距离都是相等的。

老师："还能摆放更多的白棋子吗？"

小瀚："应该能。"接下来，他一口气就摆成了上图的模样。

老师："白棋子构成了什么形状？"

小瀚："一个圆啊，太好玩了，居然是一个圆！"

老师："所有这些白棋子都有什么样的共同点啊？"

小瀚："它们到中间那颗黑棋子的距离都是一样的。"

老师："如果我们把每一颗白棋子都看成一个小小的点，那么，会有多少个小点点都符合这个条件呢？"

小瀚："我数数啊，哦，一共有19个。"

分析：我跟与小瀚基本同龄的儿童也做过类似的游戏，多数儿童只能在中间黑棋子的四周放4颗白棋子（依次相连，正好可以构成一个正方形），然后就宣告"完成任务"。而8岁半的小浩在参与这个游戏时，整体进程跟小瀚差不多，只是最后一个问题的答案具有"显著的差异"，他说："这样的小点有无数个，因为小点是很小很小的。"其实，以"圆"为主题，我做过一系列实验，从中可以清晰地发现儿童建构生成"圆观念"的基本过程。

3岁左右的儿童能够识别什么样的图形是"圆"，也就是说，他们能够按照物体的形状（常见的）对物体进行简单分类。但是，如果你让他们在纸上画一个圆，他们一般会画成椭圆，并确信自己画的就是圆。实际上，只要是封闭图形，他们画出来的图形基本都是一样的，这是因为3岁左右儿童的脑海中的几何观念还是"拓扑几何"，也就是说，只要是封闭的图形，不管它是三角形、四边形，还是圆形，儿童画出来的样子都是"圆的"。

4岁多的儿童不仅可以识别圆形，而且也可以在纸上画出比较标准的圆。这是因为此时儿童脑海中的几何观念正在从"拓扑几何"逐步向"前欧氏几何"过渡。当然，此时的"圆"，只是作为一个整体性的图形被他们所认知，他们还不能识别圆的局部几何特征，比如圆心、半径等。

5岁多的儿童，可以运用某种材料，比如棋子、彩泥、细沙子等，自己动手构造一个"圆"。不过，即便他们已经能够理解圆上个别的棋子（点），到中间固定的棋子（圆心）距离是相等的，但是圆心和半径仍然还不能作为一个思考的焦点被凸显出来，所以，他们还不会产生对它进行命名的“愿望”，只是在操作过程中，儿童已经在“应用”这些概念了。

在漫长的具体运算阶段（6—12 岁），儿童学会了对圆心、半径的命名，以及对周长和面积的测量与计算……我们从中可以看出，不同年龄的儿童，建构生成的是完全不同的“圆观念”，而这种“不同”又是极其独特的，体现了数学发生学上的生长性和创造性。

如果要将儿童圆观念的发展也界定为三个阶段的话，4 岁以前是萌芽期，儿童只是通过视觉对某类特殊的图形进行“命名”;4—8 岁期间，儿童可以通过绘画、手工制作、构造等途径得到圆，儿童得到的是一个“整体性的圆”，他们还不会有意识地去关注图形的局部特征。在 11 岁左右，儿童的圆观念发展进入成熟期，他们可以开始学习圆的初步定义，以及圆心、半径、直径、周长、面积等局部性质。

游戏 8 线段的垂直平分线

游戏材料：围棋子若干。

游戏步骤：

1. 老师先在桌面上摆好间距为 10 厘米的两颗黑棋子。

2. 请儿童在桌面上摆放白棋子，使得新摆放的白棋子到两颗黑棋子的距离始终相等。

游戏目的：协助儿童建构相等距离的观念。

适龄儿童：5—7 岁。

游戏参与者：小瀚（5 岁 4 个月）。

游戏过程：

老师事先在桌面上摆放两颗黑棋子，然后问道：“我想在桌面上摆放一颗白棋子，使它到两颗黑棋子的距离相等，该怎样摆放呢？”

小瀚：“可以啊。”他边说边将一颗白棋子放到两颗黑棋子的中间位置。

老师：“还能再摆放一颗白棋子，让它同样满足到两颗黑棋子的距离相等吗？”

小瀚开始说不能，但同时也拿着另一颗白棋子在桌面上尝试，结

果他在第一颗白棋子的正上方找到一个位置，并兴奋地说："哦，这里也可以！"

老师："还能再找到合适的位置吗？"

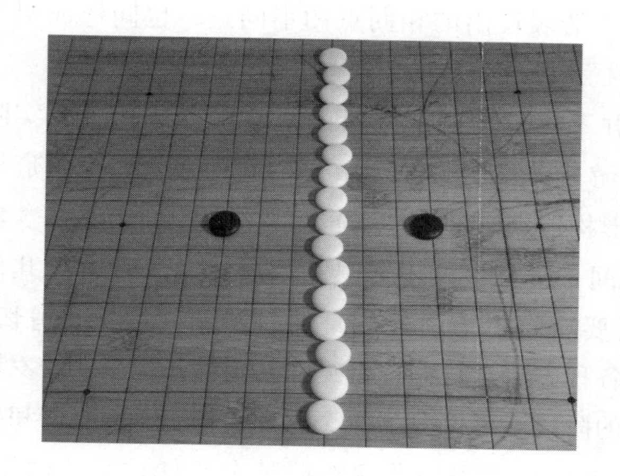

小瀚非常自然地在下方找到了一个"对称的位置"，然后不等老师再继续提问，他很快就摆成了如上图所示的样子。

老师："还能再继续摆放吗？"

小瀚："可以啊，可以一直摆下去，穿过墙壁，一直摆到前面那一栋楼！"

老师："有多少颗白棋子满足这样的要求？"

小瀚："应该有很多很多。"

老师："所有这些满足要求的白棋子可以组成一个什么样的图形？"

小瀚："一条长长的直线。"

同样是这个实验，8岁半的小浩的游戏过程几乎与小瀚一样，只是在回答最后两个问题时"略有"区别：小浩认为有"无数颗"白棋子满足要求；而且，他还说，所有这些白棋子可以构成一条直线，而直线上有"无数个"点。

分析：这个游戏蕴含了两个重要的几何观念：距离与直线。在小瀚已有的认知结构中，既没有科学的距离观念，也没有科学的直线观念，但是，他却能够在具体的游戏活动中"准确地"构造出几乎是8年后才会在教材中正式出现的几何观念——线段的垂直平分线。但是，这并非说明小瀚是几何天才，而是再次证明数学观念的“发生学”特征：从最初的诞生到最后的成熟，从当下具体的、可操作性的物理性几何观念，到基于公理体系的、纯粹形式化演绎推理的欧氏几何观念，需要经历一个漫长的岁月。小浩表现出的相同点和不同点，也同样证明了数学观念的这种“生长性”。

游戏 7 和游戏 8，并不仅仅与圆和线段的垂直平分线相关，实际上，我是想借助这两个游戏，说明另一个重要的几何观念——图形构造——的发展历程。图形构造观念的发展，也可以分为三个阶段。5 岁以前是萌芽期。在此期间，父母最好不要只是“展示”各种常见几何图形让儿童辨认，而是要有意识地引导儿童通过绘画、拼接、剪切、彩泥制作、木棍搭建等各种方法“仿制”常见的几何图形。5—16 岁期间是生长期。这个漫长的阶段又可以分为两个时期，即：生长前期和生长后期。5—9 岁期间，老师可以引导儿童按照某个条件动手“创作”几何图形，也就是说，儿童事先并不知道结果是什么，等创作工作结束时，儿童会惊叹“居然就是……”！正如游戏 7 和游戏 8 的“效果”。随后，儿童进入几何图形的局部性质的研究和学习，并能依据给出的部分特征，绘制出相应的几何图形。图形构造的成熟期一般要推迟到高中阶段。在此期间，任意给出（或构造）一个含有变量 x，y 的函数关系式，他们能够一边探索函数性质，一边手工绘制或者借助信息技术手段，构造出对应的几何图形。

整体上讲，儿童经历了离散数守恒、物质的量的守恒、长度守恒等一系列一维测量活动，以及大量的绘画、游戏、建造等活动之后，就可以为二维测量和空间立体观念的建立奠定浪漫的基础。在这个阶段，儿童可以以动作、绘画、语言、模仿等方式，表达自己的空间几何观念，但是，这种表达其实是无意识的，他们还不能清楚地意识到自己的几何空间与物理性几何空间之间的差异。从某种程度上讲，他们当下的几何空间观念，仍然非常容易受到视知觉的影响和干扰，不是纯粹形式化的欧氏几何观念，而是具有很多物理特性的前欧氏几何观念（具体的、视觉化的、可操作的）。

第二节 6—12 岁的儿童怎样学习二维平面几何问题

一、与平面坐标系相关的游戏

游戏 9 水平线

游戏材料：两个酸奶瓶，其中一个装有半瓶有色液体，老师事先在一张白纸上画好一个倾斜放置的空瓶子。

游戏步骤：

1. 将装有有色液体的瓶子倾斜，请儿童观察液面的位置。

2. 请儿童在白纸上倾斜的空瓶上画出液面的位置。

游戏目的：协助儿童建构水平线观念。

适龄儿童：5—9 岁。

游戏参与者 1：小瀚（5 岁 4 个月）。

游戏过程：

老师："这个（左侧）瓶子里装有一些水，它的水面位置在哪里？你看清楚了吗？"

小瀚："当然看清楚了！"

老师："如果我把瓶子倾斜一点儿，你知道它的水面位置在哪里吗？"

小瀚："我知道啊。"

老师："你能在这个倾斜的空瓶子里画出水面位置吗？"

小瀚："能。"然后，他就用画笔画成了上面中间那个图的样子。

老师："为什么是这样的呢？"

小瀚："你看这个瓶子（左侧装有液体的），水面位置就在'中间'位置啊。"一边说，一边用手指指着水面与两侧瓶壁相交的"点"给老师看。

老师把真实的装有水的瓶子，倾斜着放在桌面上，然后让小瀚仔细观察，问："现在水面的位置跟你在纸上画的一样吗？"

小瀚："不一样，我感觉这个水面是弧形的。"然后，他又尝试着在纸上画了画，并宣布："不是弧形的，我要重新画一次。"

老师："为什么不是弧形的呢？"

"没法画啊。"结果，他画出了上面右侧那幅图的样子，并宣告自己成功了。

分析：小瀚还不具备"抽象的水平线"观念。他第一次绘画的依据是纯粹"视觉化"的，而且视觉的"焦点"是水面与瓶壁相交的"两个点"。当他看到实际情况跟他画的不一样时，产生了"认知冲突"，他重新开始画，试图探索一个新途径去解决冲突，但从最后的结果看，他并未成功，但是，他认为"他成功了"。当他说"水面是弧形的"，也许是水的表面张力和视觉误差造成的结果；当他尝试在纸上作图时，因为他还不会在瓶子里画出弧面，所以，他又改变了想法。我没有让他把两次结果做比较，让他保持着"成功"的感觉也许更好一些，以成人的标准"拆穿"儿童的"小把戏"，是非常不明智的行为。

游戏参与者2：小浩（8岁6个月）。

游戏过程：

（图中的字母是作者为叙述方便而添加的）

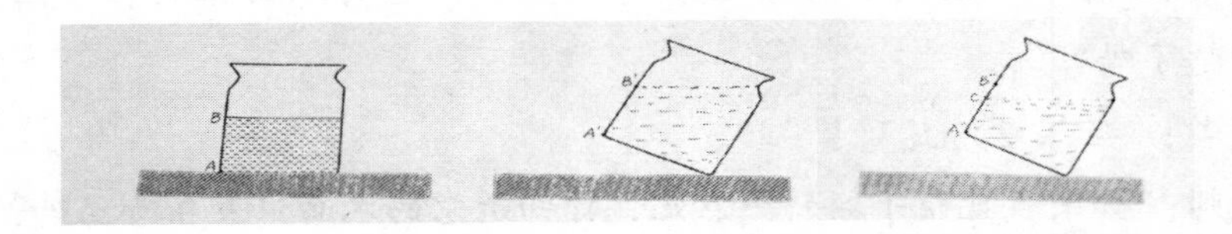

老师:“当瓶子倾斜时,你能画出水面所在的位置吗?”

小浩:“能啊。”他用尺子量出AB的距离,然后在倾斜的瓶壁上确定点B′,并使AB的长度等于A′B′的长度,然后沿着B′画出水面所在的位置(见上中图)。

老师:“水面为什么是这样的呢?”

小浩:“水面应该与桌面是平行的。”

老师:“哦,这个想法太棒了!你能否再仔细地观察一下,看看能否发现什么问题?”

小浩:“好像不对,因为水量肯定是变多了。”

老师:“问题出在哪里呢?”

小浩:“好像是点B′的位置不对,虽然A′B′与AB的长度是相等的,但是与桌面相比,B′显然是抬高了。”又思考了一下之后说:“应该把B′的位置向下移一点儿,但是……”

老师:“你觉得无法准确地测量出来,是吗?”

小浩:“是啊,现在瓶子上方(中图)的空气比原来(左图)少了,所以,点B′肯定应该下移,但是,我不知道应该下移多少。”

老师:“应该保证两个瓶子中的空气一样吗?”

小浩:“是的,不过,其实是应该保证它们的体积一样。如果两个瓶子中的空气体积一样了,那么它们下面的水的体积也就一样了,因为瓶子是没变的。”

老师:“如果我们暂时不能准确地计算体积,那能否画出水面的大致位置呢?”

小浩犹豫再三,最后将信将疑地画出来右图。

分析:显然,在小浩的内在认知结构中,“水平线”的观念已经建构生成了;而且,虽然他在学校还没有正式学习科学的体积概念,但是在具体生活情境中,他已经会“使用”体积观念了。视觉感知能力虽然在小浩的认知活动中仍然起着重要的作用,但是他已经不再完全受视觉的控制,而是可以有意识、有目的地进行主动的探索活动了。小浩最后的犹豫不决表明:在数量关系的建构中,儿童首先建构生成了对数量关系的定性描述(谁比谁多或少一点儿,谁比谁长或短一点儿,谁比谁重或轻一点儿……），准确的定量刻画要晚一些。

水平线观念发展的萌芽期一般发生在 5 岁左右，儿童能够在日常生活中比较自如地使用“水平”观念，比如，他们知道地面是“水平”的，平稳放置的桌面也是“水平”的，装满水的杯子放在桌面上时，他们也能知道杯子里的水面也是“水平”的，甚至，把装水的杯子倾斜一点儿之后，儿童仍然能够“看到”水面是“水平”的。只不过，这里所有的“水平”观念都是情景化的，一旦脱离了具体的情景，儿童的判断就会出现错误。小瀚就处于这个阶段。水平线观念发展的生长期会从 5 岁延续到 7 岁左右，在此期间，儿童首先学会以“瓶底”为参照物，这虽然仍然是不对的，但是儿童已经尝试在更大的范围内寻找参照物。随后，儿童能够在成人的启发引导和自己的反复探索、试误、修正之下，形成正确的水平线观念。儿童一般会在 8—9 岁期间，正式进入水平线观念发展的成熟期。在此期间，儿童能够有意识地选择水平的桌面或地面作为参照物，准确地画出倾斜放置的杯子中的水面位置。小浩的水平线观念，就处于这个阶段。

游戏 10　竖直线

游戏材料： 准备一个空酸奶瓶，用一根细线从瓶盖处吊着一个小球；在白纸上预先画好一个倾斜放置的酸奶瓶。

游戏步骤：

1. 将吊着小球的酸奶瓶倾斜，请儿童观察小球的位置。
2. 请儿童在白纸上画的空瓶里，画出小球的位置。

游戏目的： 协助儿童建构竖直线观念。

适龄儿童： 5—9 岁。

游戏参与者 1： 小瀚（5 岁 4 个月）。

游戏过程：

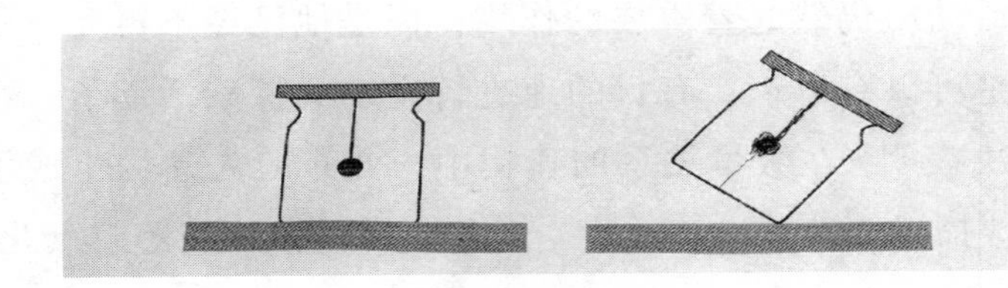

老师："瓶盖上用细线吊着一个小球，如果将瓶子倾斜，细线和小球会待在怎样的位置上呢？"

小瀚："太简单啦，我来画吧。"

小瀚画出了上面右图所示的结果。

老师："为什么是这样的呢？"

小瀚："你看（指着左图）细线和瓶子（其实是指瓶壁）是这样的啊（大意就是'平行'），所以，瓶子倾斜时，它们还应该是这样的！"

老师拿出真实的模型，并在桌面上从水平放置，变化到倾斜放置，先让小瀚观察，然后让他动手摆弄。

老师："瓶子中的细线和小球的位置跟你刚才画的一样吗？"

小瀚："有点儿不一样。"

老师："你能重新画一次吗？"

小瀚在纸上重新画了一次，结果却跟前一次完全一样，而老师也在愉快的气氛中终止了游戏活动。

分析：第一次，小瀚选择的参照物是"具体"的瓶壁，这说明他还不具有抽象的竖直方向的观念。在观察实物模型之后，他看到了不一样，并愿意重新画一次，然而，他却画出了跟前一次完全一样的结果！这个过程说明，在小瀚的内在认知结构中，他还没有建构生成抽象的"垂直线"观念，他第一次绘画的结果，是其内在认知结构的真实反映。令人意外的第二次绘画结果，其实再次表明：儿童外显的解决问题的能力（这里即指"绘画结果"），受其内在的认知结构的发展水平的影响和控制，而不是对其所看到的真实情景的直接真实描摹。如果他还没有形成抽象的垂直线观念，他看到的"事实"会被他无情地过滤掉——他拥有什么样的内在认知结构，他就能描绘出什么样的外部世界，那些在成人眼中的"真理"，即便是真实存在的，对于儿童而言，也仅仅是作为背景而存在。我之所以没有把"标准答案"直接告诉小瀚，是因为所谓的标准答案，仅仅是对成人而言的，对于儿童来说，这种"直接告诉"是无效的！

游戏参与者 2：小浩（8 岁 6 个月）。

游戏过程：

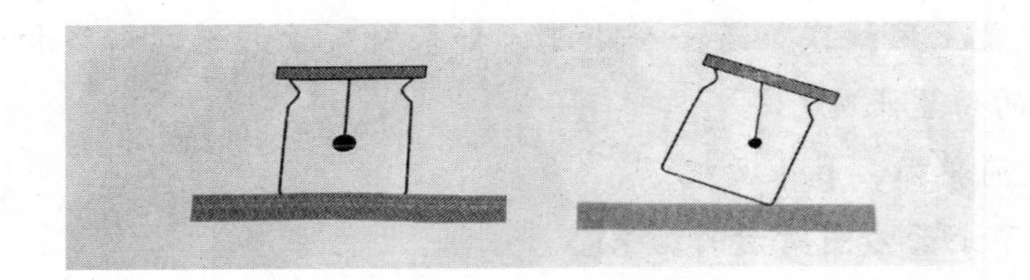

老师："瓶盖上用细线吊着一个小球，如果将瓶子倾斜，细线和小球会待在怎样的位置上呢？"

小浩迅速画出了上面右图所示的情形。

老师："为什么是这样的呢？"

小浩："不管瓶子怎么放，小球都会竖直向下的。"

老师："为什么？"

小浩："这是地心引力的作用啊，地球对所有物体都具有吸引力。"

老师："那月亮对物体有没有吸引力？"

小浩："当然有啊。"

老师："那小球为何不指向月亮的方向呢？"

小浩："月亮离我们太远了，它可能对小球没有吸引力了。"

老师："你离小球足够近啊，但是，小球为什么不指向你呢？"

小浩："是啊，怎么会这样呢？我回去上网查查再告诉你吧。"

分析：在小浩的内在认知结构中，他显然已经建构生成了抽象的垂直线观念；而且，由于他阅读了大量的科普类书籍，所以他居然可以用"引力"来解释垂直线问题。当然，他的引力观念还是一个浪漫的日常概念。当他说他要上网查查以后再告诉我时，我知道他不仅喜欢阅读科普类读物，而且还学会了使用搜索引擎。在今天这个信息爆炸时代，使用搜索引擎对于成人而言应该是必备技能，但是对于较小的儿童而言，却应该保持必要的警醒，儿童应该在适宜的学习情境中，发明科学，创造科学，而不仅仅是利用网络或书籍检索一个标准的科学结论。

儿童的竖直线观念和水平线观念，具有基本相似的发展阶段，这里不再重复叙述。

游戏 11 山上的小树

游戏材料：在纸上预先画好一个锥形的小山，画笔。

游戏步骤：请儿童在山脚下、左右两侧的山腰处、山顶上各画出两棵小树。

游戏目的：协助儿童建构水平线和竖直线观念。

适龄儿童：5—10岁。

活动时间：2014年11月24日。

游戏参与者 1：小瀚（5岁4个月）。

游戏过程：

小瀚的作品如下图所示。

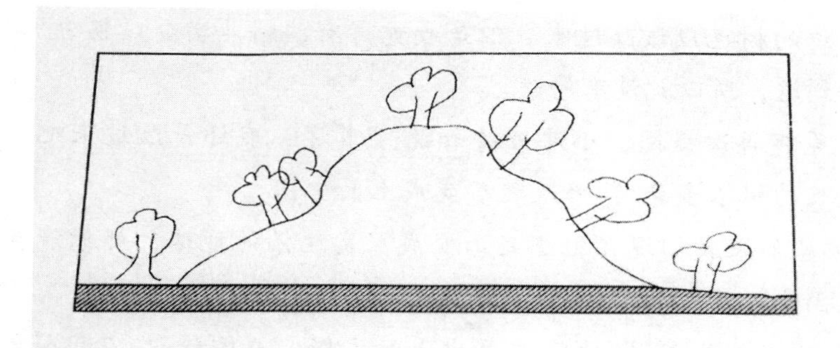

分析：当小瀚将山脚下的小树画成与水平地面"垂直"的时候，也许只是日常生活经验的积累，因为根据前面的实验结果，他还没有形成抽象的水平线观念，当然也不可能有抽象的竖直线观念。当他把山腰上的小树画成与山腰所在的微平面垂直的时候，他只是将自己在水平方向上获得的经验进行了直接迁移。

游戏参与者 2：小浩（8岁6个月）。

游戏过程：

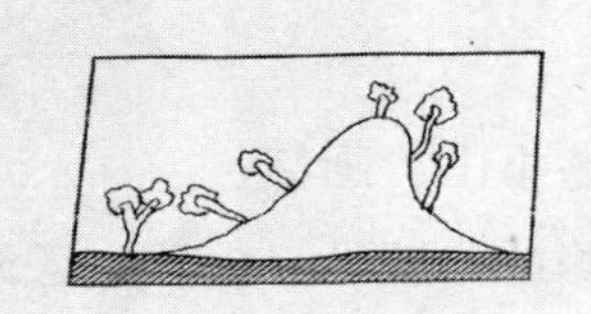
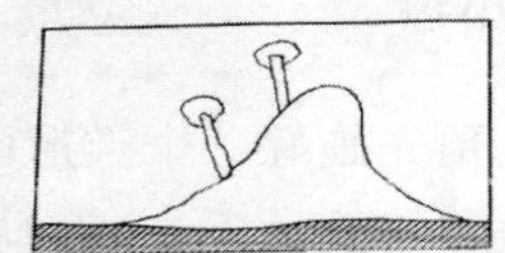
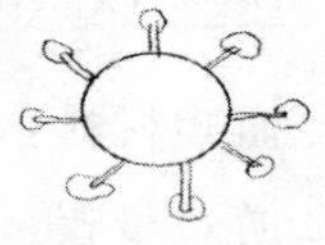

老师："你能在小山上标记的位置画出几棵小树吗？"

小浩很快画完（左图），右侧山腰上的树明显有更改的痕迹。

老师："右侧山腰上的树为何要更改呢？"

小浩："因为我感觉树总是向上生长的。"

老师："那左侧山腰上的树呢？"

小浩："我开始画的时候没有多想，等到把右边的树改过来之后，按道理左边的树也应该改过来，但是我觉得有些树其实会'拐弯'，而且我还看到过，所以就没有修改。"

还没等我再次提问，小浩又接着说："算了，我还是改过来吧，毕竟拐弯生长的树不多见。"修改之后变成上面中图。

老师："如果我们现在把这座山变成人类生活的地球，那你能在不同的位置画出一些生长着的树？"

小浩："当然能啊。"他很快画出上面右图，并解释说："有人觉得地球另一边的人不能头朝下生活，这其实是不对的，因为在他们眼中，我们的'头朝上'其实也是'头朝下'的，向上和向下其实是相对的。"

老师："为什么会有这种相对关系呢？"

小浩："因为地球对所有的树和人都有吸引力啊，所以，树总是与它所在的地面垂直。"

老师："那山腰上的树为什么不与山腰所在的微小平面垂直呢？"

小浩："因为地球太大了，再大的山对于地球而言都不算什么，所以，树应该垂直于山所在的水平地面，而不是垂直于山腰所在的微平面。"

分析：因为小浩具有比较丰富的科普知识，所以看上去他已经形成

了"水平线"和"竖直线"的观念，只是由于他还不知道地球引力的"方向"总是指向地心的，所以，他还不能对某些现象给出更加清晰的解释。不过，他的水平线和竖直线观念是地球物理学层面的，而不是欧氏几何层面的，前者是具体的、生活化的，后者是纯粹形式化的、可以完全脱离生活世界而独立存在的，前者可以为后者的建构生成提供肥沃的土壤。而欧氏几何一旦被主体（人）主动地作用于客观自然世界时，可以更加清晰、精确地把握和领悟客观世界。

游戏 12 确定点的位置

游戏材料：白纸，画笔，事先在一张白纸的一角附近画一个点。

游戏步骤：请儿童在另一张纸上同样的位置画出一个点。

游戏目的：协助儿童建构水平线、竖直线、距离等几何观念。

适龄儿童：6—10 岁。

游戏参与者 1：小瀚（5 岁 5 个月）。

游戏过程：

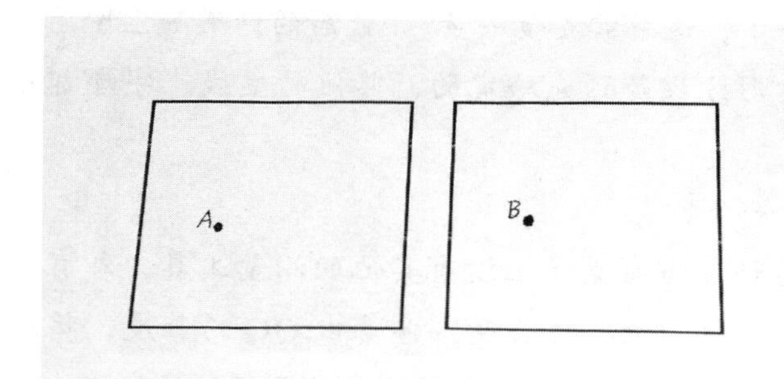

老师："这个方块内有个点 A，你能在空白方块相同的位置标出一点 B 吗？"

小瀚："太简单啦。"很快完成任务，如上图（右）。

分析：显然，小瀚是借助"视觉"完成任务的。他曾试图用手中的笔"测量"点 A 到方块顶点（左下角）的距离，但也许就是一闪念，随后就放弃了。在小瀚的内在认知结构中，一维长度的守恒观念已经基本上建构生成了，如果继续引导他自由探索，他也许还会试图测量点 A 到方块左侧边缘的“距离”（他当然还不拥有垂直观念），但是从整体上讲，他所拥有的一维长度观念，还不足以使他建构生成水平线、竖直线以及将二者协调为一个整体的综合能力。

游戏参与者 2：小浩（8 岁 6 个月）。

游戏过程：

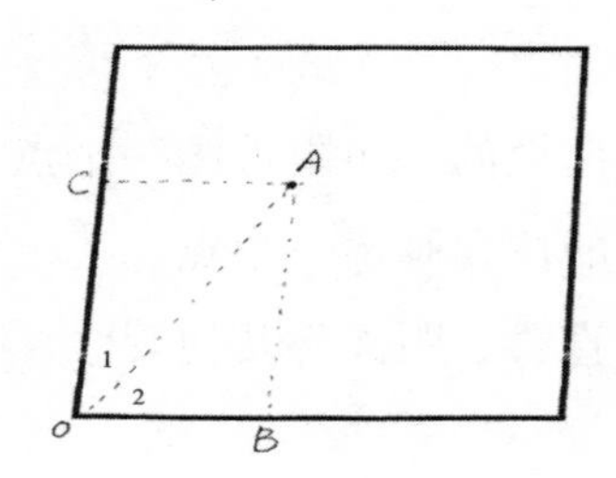

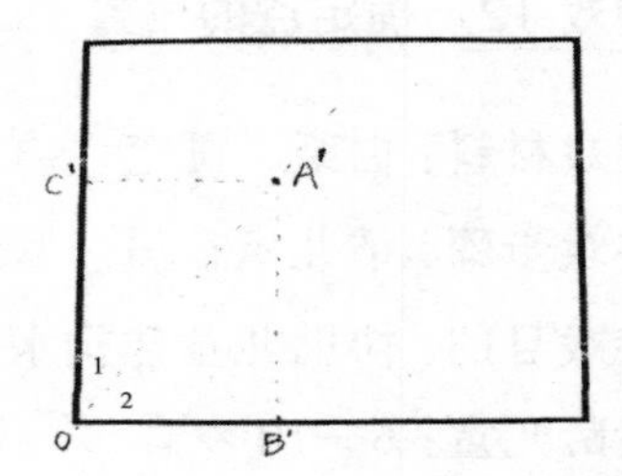

老师：“这个方块内有个点 A，你能在空白方块相同的位置上标出一点 A′吗？”

小浩：“稍微等一下，这个需要量一量。”最后的结果如上图（左图中的点 A 及两个正方形方块是预先给定的，其他的虚线、字母都是小浩留下的作图痕迹）。

老师：“能否解释一下？”

小浩：“先用身份证（当时桌子上没有其他的测量工具，却有一张无意中摆放的身份证）量出 AC 的长度，再量出 OC 的长度，然后在另一个方块的边缘找到点 C′，使 O′C′等于 OC，再摆好身份证，并沿着它的一边画一条线 C′A′；然后用同样的办法画一条线 B′A′，与前一条线的交点就是要找的点 A′。”

老师：“你连接 OA 有用吗？”

小浩：“现在看来是没用的，我本来想只要量出 OA 的长度就可以了，但是后来发现，沿 O′画线，距离等于 OA 的点好像有很多，对，应该是一条弧线（边说边比画给老师看）。”

老师：“为什么会这样呢？”

小浩："因为无法确保这两个角（也就是图中的角 1 和角 2）相等啊。"

老师："用身份证当然无法确保啦，但是你还能想到别的方法么？"

小浩："如果有一个测量角的工具就可以。"（他还没有学习过量角器的使用方法）

分析：在具体的操作活动中，小浩显然已经能够解决二维平面上的"定位"问题了，但是，这还不能说明他已经建构生成了稳固的水平线和竖直线观念，因为方块的边缘其实是一个"暗示"——一旦失去这个具体的情景，小浩也许就会遇到未知的困难。所以，急于开始学习平面直角坐标系及其相关知识，显然是不适宜的。我们可以在具体的、操作性的游戏情境中，观察儿童具有了怎样的可能性，以及他们自己可以"独立"地发明什么，创造什么，然后再给他们提供最自由的土壤和最适宜的营养。

我们知道，将抽象的水平线和竖直线观念综合起来就能构成"平面直角坐标系"观念。6 岁以前的儿童，几乎不能理解水平线和竖直线观念。8 岁左右，儿童可以建构生成水平线和竖直线观念，但二者最初是相互独立的，儿童还不能对二者进行协调，并进而形成一个综合性的新观念。这个阶段，属于儿童的平面直角坐标系观念发展的萌芽期。随后会进入生长期，一般会持续到 12 岁左右。在此期间，儿童能够在具体的生活情境中，协调水平线和竖直线观念，并尝试解决一些实际问题。比如：儿童能够在报告厅、影剧院等地方，利用横排与竖排的交叉点所对应的"数对"[形如（x，y），x 对应着第几列，y 对应着第几排]准确地确定自己的座位。不过，此时的"数对"还离不开具体的生活情境，它还不是一个欧氏几何观念，而是一个物理性的前欧氏几何观念。12 岁以后，儿童的水平线、竖直线、数对等观念，可以完全脱离具体的生活情境而独立存在，儿童的平面直角坐标系观念，才正式进入成熟期。

二、面积测量游戏

游戏13 面积守恒（1）

游戏材料：预先用绿色画笔，在两张同样大小的正方形纸板上，画出两片草场，用大小相同的10个小木块（或棋子）放在草场中，表示绿草被小羊吃掉。分别将木块相邻放置和散开放置（下图中的草坪和小羊都是小瀚画的）。

游戏步骤：询问儿童，如果两只小羊每天吃掉的草场相同，都用一个小木块表示，那么，10天之后，两块草场剩下的面积是否相等？

游戏目的：协助儿童建构面积守恒观念。

适龄儿童：6—10岁。

游戏参与者1：小瀚（5岁6个月）。

游戏过程：

老师："现在有大小一样的两块草场，你有一只小羊，我也有一只小羊，它们每天吃掉的青草一样多。过了十多天，你的小羊比较听话，吃掉的草场连成了一片（左图），而我的小羊比较调皮，吃掉的草场比较凌乱，那么，剩下的草场谁多谁少呢？"

小瀚："一样多啊。"

老师："为什么？"

小瀚："开始的草场一样大，每天吃的草场也一样大小，最后剩下

的当然也一样多。”

游戏参与者2：小浩（8岁6个月，刚刚学习矩形的周长公式，还没有正式接触面积测量问题）。

游戏过程：

老师：“现在有面积一样大小的两块草场，你有一只小羊，我也有一只小羊，它们每天吃掉的青草面积一样多。过了10天，你的小羊比较听话，吃掉的草场连成了一片（上页左图），而我的小羊比较调皮，吃掉的草场比较凌乱，那么，剩下的草场面积谁多谁少？”

小浩：“一样多啊。”

老师：“为什么？”

小浩：“开始的草场面积一样大，每天吃的草场面积也一样大小，最后剩下的面积当然也一样多。”

老师：“草场的‘面积’是什么意思？”

小浩：“草场的面积就是草场的大小啊。”

老师：“大小又是什么意思？是指草场多长、多宽吗？”

小浩：“长加上宽，然后再乘以2，得到的是草场的周长；周长跟面积应该是有关系的，但是，面积不是周长，面积是‘里面’（用手比画给老师看）这一片的大小。”

分析：表面上看，小瀚和小浩回答问题的水平是一样的，其实不然！小浩已经能够区分“面积”和“周长”的不同，而且也已经基本建立了“面积守恒”的观念。只不过，他当下显现出来的面积观念还是定性描述，而非定量测量的，他需要借助具体直观的实物或模型才可以“描述”面积，一旦脱离具体的情境，“面积”其实是没有意义的。然而，正是这种不太稳定的面积观念，为他进一步建构生成测量化面积观念，奠定了浪漫丰富的认知背景——他已经为正式学习“面积”做好了充分的准备。而小瀚的“面积”其实就类似于某个物体的“名字”，还不具备物理测量的意义（这也是我为何没在游戏过程中提及“面积”一词的原因）。在他看来，草场的面积就是他直观看到的“草场的大小”，而小羊吃掉的“草场面积”（用小木块表示），并非是“小木块的面积之和”（他还不能理解这一点），只不过是小木块的个数。小瀚当然已经基本建构生成了离散量守恒观念，所以他能够依据自己内在认知结构的发展水平给出自己的解释，但是这仅仅是“数量守恒”的起点，随后是一维长度测量的连续量守恒（小学一、二年级），再后才是二维面积测量的连续量守恒（小学三年级）。尽管如此，这样的游戏仍然是适合小瀚参与的，只是父母或老师要以理解和尊重儿童当下的认知发展水平为前提，而不要随意拔高，甚至强行灌输。

游戏 14　面积守恒（2）

游戏材料：白纸一张，正方形小木块若干。

游戏步骤：

1. 用小木块摆成一个较大的长方形。
2. 改变长方形的形状，询问面积是否发生变化。

游戏目的：协助儿童建构生成面积守恒观念。

适龄儿童：7—9 岁。

游戏参与者：小浩（8 岁 6 个月，刚刚学习矩形的周长公式，还没有正式接触面积测量问题）。

游戏过程：

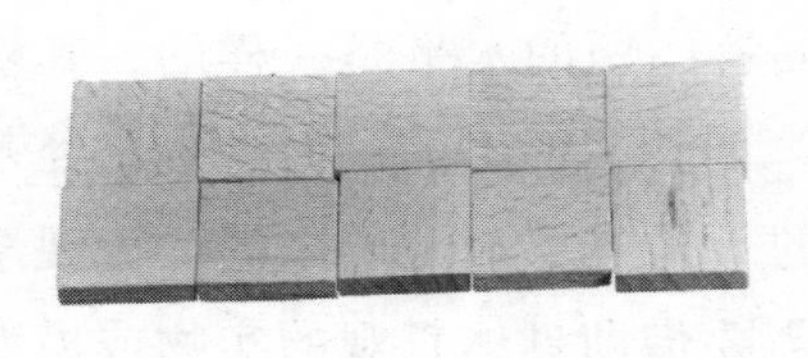

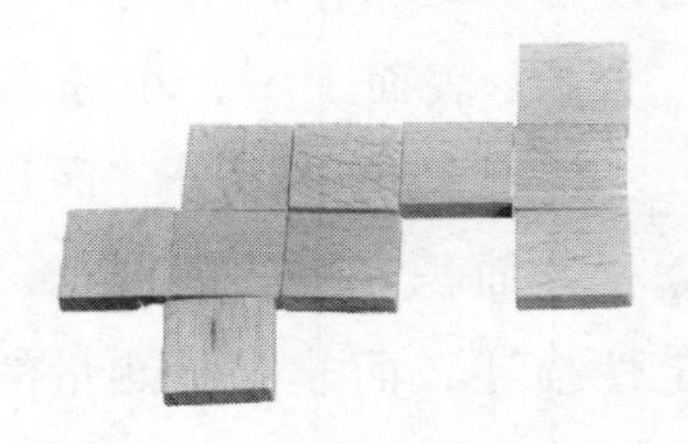

老师：“你能把这些小木块组成一个长方形吗？”

小浩迅速完成任务（上面左图）。

老师：“你能把这个图形改成别的形状吗？”

小浩得到上面右图所示的形状。

老师：“它们的面积有没有变化？”

小浩：“有变化，估计是变大了。”

小浩开始“计数”，结果数到4的时候，突然说：“不对，是周长变大了，而面积其实没有变化。”

老师：“为什么？”

小浩：“因为不管怎么变，总面积其实都是10个小木块的面积之和。”

分析：改变一个规则的长方形的形状，其实并不难，但是，小浩显然是有意识地将图形变得“更难一点儿”，他经常会向别人“宣告”：太简单的问题实在太没意思了！当他一开始回答说“面积变大了”，这种错误一方面是他刚刚学习周长问题之后的正常现象——学习者总是试图运用自己已有的知识和技能去解决新问题，但是这种行为往往会导致已有知识和技能被过度使用（不过，这有什么关系呢，探索总会犯错误，没有错误就不会有新的创造和发明）；另一方面也说明，周长是一个一维测量问题，而面积是一个二维测量问题，对于认知主体（人）的建构活动而言，后者（二维问题）总是要迟于前者（一维问题）。

游戏15 面积测量（1）

游戏材料：长方形白纸，正方形小木块若干。

游戏步骤：

1. 用正方形小木块“测量”长方形白纸（长与宽正好是小木块的整数倍）的面积。

2. 得到长方形白纸的面积公式。

3. 用正方形小木块“测量”长方形白纸（长与宽不是小木块的整数倍）的面积，造成认知冲突。

4. 化解冲突，得到任意长方形的面积公式。

游戏目的：协助儿童建构生成长方形面积公式。

适龄儿童：8—9岁。

游戏参与者：小浩（8岁6个月，刚刚学习矩形的周长公式，还没有正式接触面积测量问题）。

游戏过程：

老师："这里有一张白纸，你能用这些小木块测量出这张白纸的面积吗？"

小浩："应该能吧。"然后开始沿着白纸的外边缘摆放小木块（上左图），接着数出长为10个小木块，宽为7个小木块，并计算出白纸外圈的面积为（10+7）×2=34，但是，迅速说："不对，又算成周长了。"最后通过计数得到30。

老师："但是看上去就是横着两行各10个小木块，竖着两列各7个小木块啊，就应该是10×2+7×2，等于34啊，这是怎么回事？"

小浩又数了一圈，结果发现"事实"就是30，而不是34。他又反反复复摆弄了几下小木块的"行"和"列"，终于获得"重大发现"："我明白了，每个拐角处的小木块被重复使用了，一共重复了4次，所以34应该减去4，这样就一致了。"然后，他在临近的内圈又摆放了一圈小木块，直到小木块覆盖住整张白纸为止，最后依次将每一圈的小木块相加，30+22+14+4=70，确认白纸的面积为70（当然，这是以小木块的面积为单位面积的计量结果）。

老师："最终结果（70）与白纸的长（10）和宽（7）有何关系呢？"

小浩："应该有关系，对，就是10×7=70。"

老师："是巧合，还是必然呢？"

小浩："我明白啦，这张白纸上一共摆了7行小木块，而且每一行都有10个，所以一共就是7×10=70个。"

老师："如果把这种白纸放大，这种计算方法还管用吗？"

小浩："当然管用啊，先用小木块量出白纸的长，再用它量出白纸的宽，然后相乘就好啦，这个宽就对应着有多少行，而长就对应着每一

行有多少个，所以，不管白纸有多大，结果都是‘长 × 宽’啊！”

老师：“真的吗？有没有例外？”

小浩想了想之后，非常肯定地说：“绝对没有例外！”

老师：“那你测量一下这张白纸的面积，如何？”（更换了一张白纸）

小浩“测量”白纸的长度时，立马出现了问题，原来，白纸最后剩下的一小部分：不放小木块肯定不行，放一块，却又超出了白纸的边界。摆弄了一会之后，他说：“如果小木块更小一些，就不会出现这种问题了。”

老师：“不会出现什么问题？”

小浩：“对了，我知道了，根本就用不着小木块，而应该直接用直尺测量出白纸的长和宽就行了，直尺的单位是国际统一的，用小木块可不行，各个国家的小木块大小不一样怎么办？我现在可以确定地说：长方形的面积就是长乘宽，而正方形的面积就更简单了，边长乘以边长就好了。”

分析：可以确定的是，在进行这个游戏之前，小浩的内在认知结构中，已经具备了以下观念：一维长度的测量（精确的、量化的，而非定性的描述）、二维面积的定性描述（非精确的和量化的）。但是，小浩还不能对以上两个观念进行充分的协调，并建构生成一个新观念——二维面积的定量测量；或者说，正是这个游戏才真正提供了一个“外部刺激”，小浩原有的认知结构，无法解决这个新刺激，他需要将自己原有的内部观念“投射”到一个“更高的层面”，并努力对其进行“协调与重组”，从而“创造”一个“崭新的观念”，即“长（正）方形的面积测量”。需要注意的问题是：外部刺激并非总是有效的，只有那些真正处于儿童“最近发展区”的刺激，才可能为儿童创造和发明新观念提供可能性。离开了老师或父母依据儿童认知发展水平所精心营造的学习情境，和儿童自己真实的游戏操作活动，就不会有真正的儿童的发明和创造。传统教学中，长方形与正方形的面积公式，基本都是以“不证自明的公理”直接灌输给儿童的，儿童只需机械记忆公式，并熟练而准确地解决老师或教材提供的面积计算问题就好了。

游戏16 面积测量（2）

游戏材料：平行四边形、三角形、梯形、任意四边形的纸板若干。

游戏步骤：

1. 探索平行四边形的面积公式。
2. 探索任意三角形的面积公式。
3. 探索梯形的面积公式。
4. 探索任意四边形的面积公式。
5. 探索任意多边形的面积公式。

游戏目的：协助儿童建构生成常见平面多边形的面积公式。

适龄儿童：8—9岁。

游戏参与者：小浩（8岁7个月）。

游戏过程：

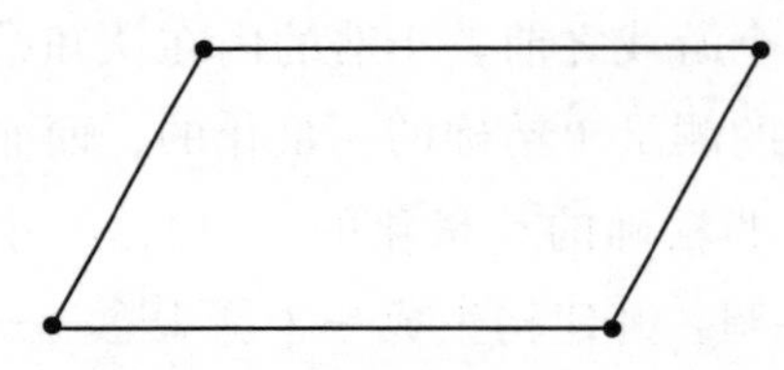

老师："这是什么图形？"（左图）

小浩："应该是平行四边形。"

老师："你会求它的周长吗？"

小浩："会，量出这两条边（相邻）的长，然后相加，再乘以2。"

老师："那你会求它的面积吗？"（小浩陷于思考之中）

老师提示道："你已经会求哪些图形的面积？"

小浩："长方形的面积等于长乘以宽，正方形的面积等于边长乘以边长。"（他是通过一个月之前的游戏学会的，学校教育的进度要慢一些。）

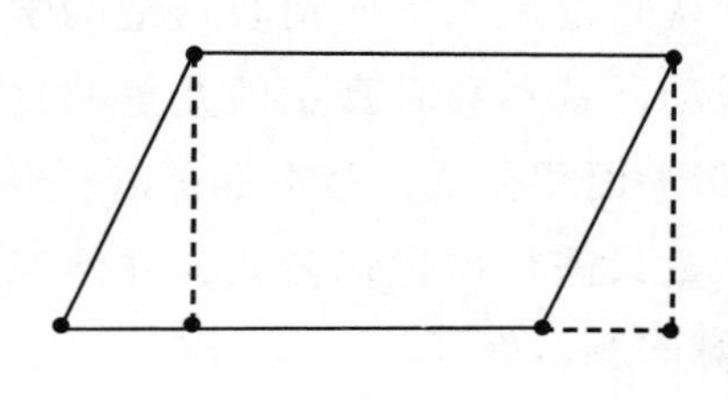

小浩居然自己画出左图！他随后解释说："只需将左侧的小三角形移到右侧的位置，就可以把平行四边形变成一个长方形，而长方形的面积等于长乘以宽，所以平行四边形的面积也就求出来了。"

老师："任意给你一个平行四边形，你都可以通过这种方法求出它的面积吗？"

小浩："当然可以啊。"

老师："你现在会求哪些图形的面积了？"

小浩："长方形、正方形和平行四边形。但是，三角形的面积是怎么回事呢？"

老师："是啊，该怎么求三角形的面积呢？三角形跟长方形有没有关系呢？"

小浩一阵涂涂画画之后，画出下面的三组图形，他说："不管是长方形，还是正方形和平行四边形，都可以将它们分成两个相等的三角形，先求出大图形的面积，然后除以2，就可以得到三角形的面积。"

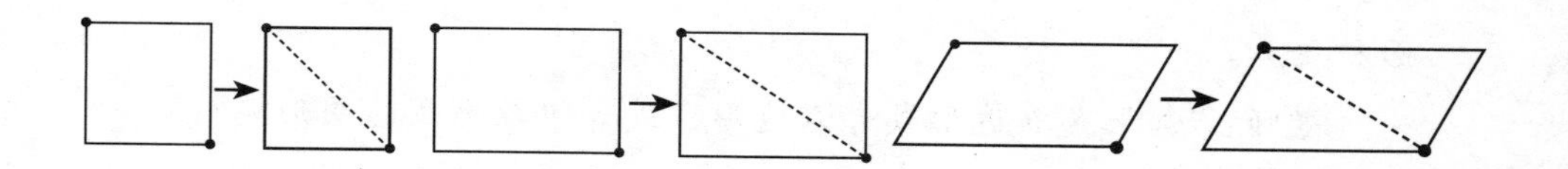

老师："想法真不错！不过，我一开始给你的是三角形，而不是长方形或正方形或平行四边形啊。"

小浩："哦，这个很容易，只需倒过来就行了，如果是直角三角形，我们总是可以把它补成一个长方形（或者正方形）；如果三角形没有直角，我们就可以把它补成平行四边形，然后求出大图形的面积，再除以2。"

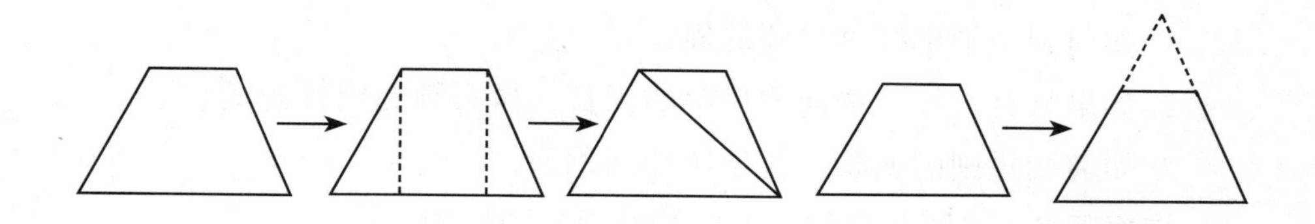

老师："现在你会求梯形的面积吗？"

小浩："这个应该不难。"他随后画出如上两组图形，并解释说："可以把一个梯形分成一个长方形和两个小三角形，也可以直接将它分成两个三角形，先分别求面积，然后再相加。当然，我感觉梯形只不过是将一个三角形截掉一个角得到的，所以，可以将梯形先补成一个大三角形，然后用大三角形的面积减去小三角形的面积。”

老师：“如果一个四边形既不是正方形和长方形，也不是平行四边形和梯形，你会求它的面积吗？”

小浩：“会，因为一个四边形总是可以分成两个三角形。不，等等，如果是这种四边形怎么办？”他随后画出下图。

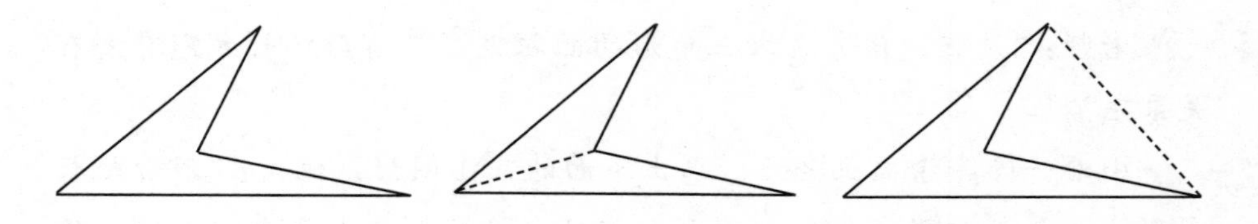

小浩很快打消了自己的顾虑，他说：“即便是这样的四边形也没关系，它仍然可以分成两个三角形的面积之和，或者变成两个三角形的面积之差。”

老师：“如果是五边形或者六边形，或者边数更多的图形呢？”

小浩在纸上画了一个五边形和一个六边形，简单操作之后，他说：“它们的面积总是可以求的，因为，它们总是可以分成几个三角形。边数变得越多，计算起来越麻烦，但是面积总是可以求的。”

游戏 17 圆的周长和面积测量

游戏材料：圆形纸板，圆形器物等。

游戏步骤：

1. 如何利用细棉线测量圆的周长。
2. 如果只有直尺，如何测量圆的周长，探索圆的周长公式。
3. 如何测量圆的面积，探索圆的面积公式。

游戏目的：协助儿童建构生成圆的周长和面积公式。

适龄儿童：9—11 岁。

游戏参与者：小浩（8 岁 7 个月）。

游戏过程：

老师：“你会求圆的面积吗？”

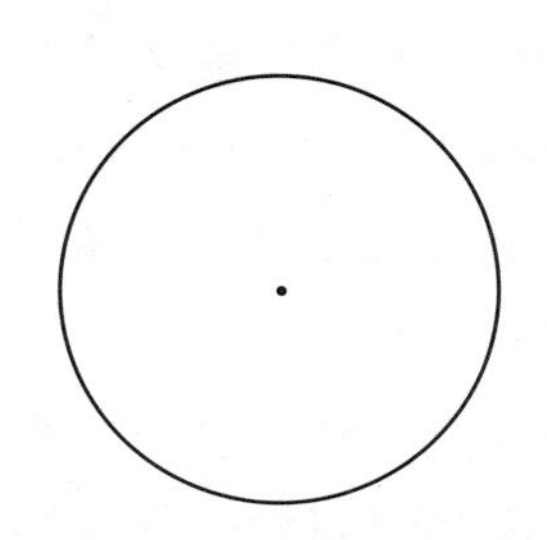

小浩："这个我不会，不过，我会测量圆的周长。"

老师："你是怎么测量的？"

小浩："用一根细线绕圆一周，然后用直尺测出细线的长度，也就得到了圆的周长。"

老师："如果你手头没有细线，而只有一把带刻度的直尺，你能用直尺直接测出圆的周长吗？"

小浩："不能，用直尺只能测出圆的半径和直径。"

老师："那你知道圆的直径与周长之间有什么关系吗？"

小浩："很显然，直径越大，周长也就越大；反过来，直径越小，周长也会变小。"

老师："说得对。但是，你知道圆的直径与周长之间更为精确的关系吗？比如，既然周长一定会大于直径，那么，周长可能会是直径的几倍？"

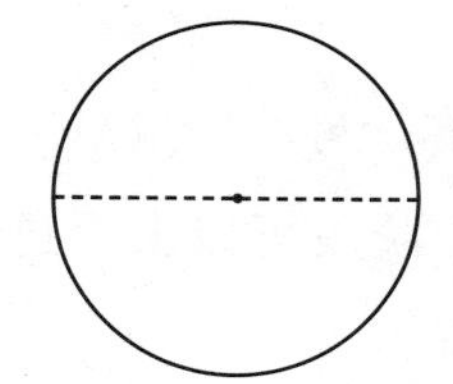

小浩画出左图说："上面的半圆的弧比直径长一些，下边的半圆的弧也比直径长一些，所以，我知道圆的周长应该比直径的 2 倍大一些，其他的就不知道了。"

老师："的确，圆的周长大于其直径的 2 倍，这是显而易见的事实，但是，'大于 2 倍'这个说法太笼统啦，能否更精确一些？"

小浩："这个需要好好地测一测了，否则是没办法的。"

老师："好，你自己回去试着测一测，过两天咱们再聊聊。"

老师："对了，刚才一直在说周长，你有没有办法求圆的面积呢？"

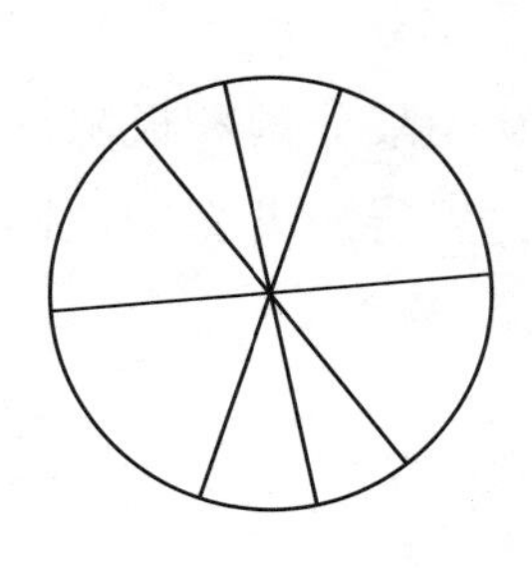

小浩："可以先把圆分成几个三角形，然后通过三角形的面积求出圆的面积。"他同时画了一个图（左图），不过，思考一会儿之后，他又说："好像不行，因为分成的不是三角形，其中一条边不是直的，它是弯曲的，所以求出来的只能是近似值。"

一天之后，小浩告诉我，他测量了他们家的碗、脸盆、药瓶口的周长和直径，最后发现，周长除以直径的结果，要么比 3 小一点点儿，要么比 3 大一点点儿，他估计自己的测量不够准确，实际可能就是 3 倍的关系，也就是说，他认为“圆的周长等于直径的 3 倍”。

分析：小浩的认知结构具有高度的敏感性，一旦遭遇到合适的“刺激”，新的认知建构活动都能顺利地发生。不过，这些顺利发生的认知活动，务必是处于“最近发展区”之内的，否则仍然是无效的。小浩能够很好地理解通过“有限分割”求面积的方法，但是，一旦需要“无限分割”，他就无能为力了，因为这个问题超出了他的“最近发展区”。这个时候，游戏就要适可而止，否则，有趣的游戏活动，就可能演变成令人憎恶的机械灌输。

游戏 13—17 都与面积有关。面积观念是前欧氏几何的重要观念之一，儿童建构生成这个观念，也大致经历了三个阶段。

首先，6 岁左右的儿童可以在具体的操作活动中，建构生成面积守恒的观念。这是面积观念发展的萌芽期。

其次，10 岁左右的儿童可以通过具体的操作活动，“发明”测量各种规则平面图形面积的方法（天赋较好的儿童，这个阶段可以大大提前，比如实验中的小浩）。这是面积观念发展的生长期。

最后，12 岁左右的儿童，可以通过纯粹形式化的代数推理，从而获得各种平面图形的面积公式。这是面积观念发展的成熟期。

需要注意的是，儿童如果还不能理解“用字母表示数的意义”，也就是还没有从“算术阶段”正式进入“代数阶段”，他们是不能推导出各种图形的面积公式的。传统教学中，儿童记住的只不过是一堆僵死的、毫无意义的字母符号。不过，“圆”也许是一个例外，因为它是一类极其特殊的平面图形，一方面，其面积问题涉及无限分割和极限问题，另一方面，它还是一类特殊的“圆锥曲线”，这都导致儿童的“圆的面积”观念还会在后续学习中得到持续的深化和发展。

三、视图游戏

游戏 18 视图

游戏材料：一张图画（如下图所示）：一个小女孩（左下），一个坐着的玩具娃娃（右上角），一根长木棍（左上方）。

游戏步骤：

1. 询问儿童：如果你站在小女孩的位置，你看到的木棍是什么形状？

2. 如果你坐在布娃娃的位置，你看到了什么形状？

游戏目的：协助儿童建构生成视图观念。

适龄儿童：6—10岁。

游戏参与者：小瀚（5岁4个月）。

游戏过程：

老师："如果你就是图中的小女孩，在你面前有一根木棍，那你看到的是什么呢？"

小瀚："就是木棍啊。"

老师："如果你坐在右上角布娃娃的位置，你看到的是什么呢？"

小瀚："还是这根木棍。"

老师："这里有一个发光的灯泡，在它右侧有一个圆锥形积木（见下页图），如果在圆锥后面有一块幕布，那么幕布上的影子会是什么形状呢？"

小瀚："圆锥形。"

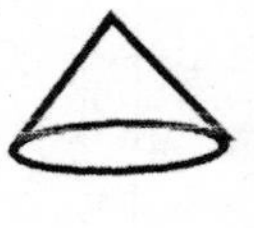

游戏参与者：小宁（9岁）。

游戏过程：

出示上面的第一张图，问："如果你就是图中的小女孩，在你面前有一根木棍，你看到的是什么呢？"

小宁："小木棍。"

老师："如果你坐在右上角布娃娃的位置，你看到的是什么呢？"

小宁："只有一个点。"

出示上面的第二张图，问："这里有一个发光的灯泡，在它右侧有一个圆锥形积木，如果在圆锥后面有一块幕布，那么幕布上的影子会是什么形状呢？"

小宁："一个三角形。"

老师："如果你站在灯泡的位置，你会看到什么呢？"

小宁："也是一个三角形。"

老师："如果将灯泡放在圆锥积木的正上方，地板上的影子会是什么形状呢？"

小宁："应该是一个圆。"

老师："如果你自己从圆锥积木的正上方往下看，你看到的会是什么形状呢？"

小宁："一个圆。"当老师拿一个真实的圆锥积木让他从上往下看时，他发现自己看到的其实不是一个圆，而是一个真实的圆锥体，这让他觉得非常惊奇，并连连追问："这是为什么呢？为什么呢？"

老师："人类眼睛的功能要比灯泡强大很多啊，我们可以看到一个丰富且真实的物体，而不仅仅是一个影子。不过，如果我们把自己的眼睛假想成一个灯泡，忽略其他因素，只关注物体在一个方向上的轮

廓，那就跟物体在灯泡的照射下在墙壁上的投影差不多啦。”

小宁：“哦，这样啊。”不过，从他的表情来看，显然一时还很难接受老师的说法，将信将疑的样子。

分析：这个游戏涉及透视问题。一般来说，透视空间几何观念与欧氏空间几何观念是同步发展的，但是，在过去很长一段时期，透视几何都是高等数学教育的内容，直到最近十余年，才逐步下放到基础数学中来，所以，在今天的基础数学教育中，与欧氏空间几何观念相比，儿童的透视空间几何观念发展要相对延缓一些。

第三节　两种不同的几何空间观念

——简述前欧氏几何空间观念与欧氏几何空间观念的关系

一、6—12岁儿童生成的空间观念不是欧氏几何空间观念

一般认为，当下小学阶段的几何内容就是原本属于中学阶段的欧氏几何内容的下移。本人通过大量的几何游戏活动分析得出：事实并非如此。学前、小学、中学，不同阶段的儿童所建构生成的几何观念具有本质上的不同！如果一定要言说它们的相同点，那就好比是种子、树苗与花朵的关系，是同一生命在不同阶段所呈现出来的不同形态。

我们知道，欧几里得的《几何原本》(通常简称为“欧氏几何”)，一开始就直接给出了23个定义、5个公设和5个公理，就像是建造一座大楼必得先打下地基，这些定义、公设和公理其实就是欧氏几何大厦的地基。在这个地基中，“点”被规定为“没有大小的图形”，“直线”是“没有粗细、可以向两端无限延长的图形”，“平面”是“没有厚薄、可以向四周无限平直延伸的图形”；在直线的基础上，规定“线段”是

“直线上两点之间的部分”（由此也可以得知，欧氏几何中的线段虽然可以有长短，但是不能有粗细）。

那么，我们的疑问是：一条铁轨是直线吗？笔直的电线杆子是直线，还是线段，或者什么都不是呢？最常见的作图工具三角板是三角形吗？显然，答案全都是否定的，因为这些日常生活中最为常见的物体既有粗细，又有长短，而且它们都是有限的，而不是无限的。由此，我们可以进一步追问：当7岁儿童拿自己的直尺去量一根小木棍的长度时，这根小木棍是线段吗？ 9岁的儿童用“长乘以宽”求出数学书的封面面积时，这个面积是欧氏几何中所说的一个封闭的平面图形的面积吗？答案仍然是否定的，因为不管木棍多么细，它总是有粗细的；不管数学书的封面多么薄，它也总是有厚薄的。

这些看似奇异的问题，实际上涉及了我们平时习以为常的欧氏几何的本质。欧氏几何的直线、线段、三角形等各种平面图形观念，其实在我们有限的生活世界中“并不存在”，它们也许跟客观世界中的物体形态有关，但是它们并不存在于这些客观物体之中，更重要的是它们并不是对客观物体的直接、简单的抽象之物。那么，它们到底在哪里才能拥有自己的立锥之地呢？也许，它们只能存在于人类的想象世界之中，它们是人类大脑中看不见、摸不着的形式化的观念存在物。

面对一棵高耸入云的参天白杨，你可以通过观察直接得到有关颜色、形态等各种物理性质，但是，你无法从中抽象出一条欧氏几何范畴内的“直线”，因为“直线”并不预先就存在于白杨树中，“直线”作为一种观念，是最初的几何学家发明、创造的。提供一堆各式各样的几何体模型（柱、锥、台、球等），学生看似能够从中“抽象”出“圆柱”概念（或其他），但是，这并不意味着“圆柱”作为一种欧氏几何观念预存于模型中，事实上，模型其实仅仅提供了一种外在的认知刺激。我们也许可以说，模型中已经蕴含了模型制造者的某种几何观念，但是对于最初的几何学家来说，模型是不存在的，他们看到并且生活于其中的只是一个具体的、物理性的生活世界。他们“创造”了“直线观念”，从客观性来讲，几乎就是“无中生有”；从主观性来讲，他们其实已经对生活世界中某种重要的“物理形态”进行了聚焦和思考，然后，在他们头脑中的意识思维活动中，经历无限的、开放的、丰富的“想象性构

造活动”，“直线观念”才最终被创造出来！换句话说，最初的几何学家“创造”出几何观念，既是无中生有，又不完全是无中生有：前者说明，几何观念不是客观存在之物，而是主观创造之物；后者说明，几何学家的创造离不开客观物质世界的“刺激”，创造并不是凭空捏造。

既然如此，那我们在日常生活中，却为何难以觉察呢？这是因为，在漫长的人类文化进化历程中，人类创造了一系列的中介符号来表达这些观念，有文字语言符号，如“直线”“线段”“三角形”等；也有数学图形符号，如：⟷ ——— △ 等。

在前文的游戏活动中，不管是一维测量中的长度、距离等观念，还是二维测量里的周长、面积等观念，所有“几何概念”几乎无一例外地只是对应着客观世界中具体的物理性物体，我们虽然可以用文字语言符号和图形符号表示它们，但是它们离真正的欧氏几何观念相距甚远。欧氏几何观念是抽象的、无限的、形式化的，而6—12岁儿童创造的几何观念却是具体的、有限的、物理性的，这正是我们将小学阶段的几何观念称之为“前欧氏几何空间观念”的主要原因。

不过，前欧氏几何空间观念与欧氏几何空间观念虽然在本质上完全不同，但是，它们却可以使用相同的“名字”，即文字符号和图形符号。正如前文提到过的“圆”观念，对于3岁、6岁、12岁、18岁、40岁的人来说，“名字”是完全相同的，都是“圆”，但是，关于圆的本质，却又是完全不同的。这种不同，不是存在于教科书中的、客观性的不同，而是不同年龄阶段的人，在脑海中生成的观念的发展水平的不同。

二、前欧氏几何空间观念具有怎样的生长方向呢？

在这一章，我们将前欧氏几何观念的生长阶段，分为以下两个阶段，即一维测量空间观念，二维与三维的测量空间观念，其本质特征就是具体性、操作性、物理性。从目前正式发行的各种版本的教材内容来看，平面欧氏几何的主要内容，甚至包括柱、锥、球等立体图形的测量（表面积与体积）、三视图等内容，在小学期间几乎全部有所涉及。这种教材编排的合理性有一个必不可少的前提，即以数学发生学为工具，对全部教材内容进行深入的“发生学分析”，使之成为儿童“发明几何、创造几何”的鲜活素材，而不是将其视作把传统欧氏几何内容“下放”到小学阶段，并强迫儿童提前学习和接受欧氏几何。

从数学发生学的角度讲，前欧氏几何阶段，是正式欧氏空间观念形成的“浪漫阶段”（整体初步感知），初中的欧氏几何学习属于欧氏空间观念建构生成的“精确阶段”（精确深入学习），而高中的解析几何（包括向量几何）则属于欧氏几何空间观念形成的“综合阶段”（综合应用提升）。如果缺少了这种发生学的维度，无论教材版本如何调整，也无论教材内容如何花样翻新，一旦落实到真实的教学实践，符合儿童认知发展规律的、有意义的、创造发明式的学习都难以真正发生。

一旦拥有了数学发生学的视角，当下基础教育几何课程安排无疑是比较合理的。这种合理性具体表现在：欧氏几何是一种假设性的、公理化的几何体系，而儿童内在的认知结构一般只有到了12岁以后，才能将思维活动真正建立在“假设”的基础上，才能进行真正纯粹形式化的逻辑演绎推理。低龄儿童也会说“假设”“未来”“理想”等词汇，成人往往会认为儿童只是不切实际的瞎说，或者是充满童趣的生活调剂品，但是事实上，儿童有“自己的逻辑”。当他说“我长大了要当科学家”时，也许只是因为他刚刚听了一个有关科学家的有趣故事，或者刚刚看了一个有关科学家的有趣影片；当他说“我长大了要做清洁工”时，也许只是因为他刚刚在楼下院子里玩耍时，碰到了一位和蔼可亲的清洁工阿姨……原本建立在假设基础上的“可能性”，对于低龄儿童而言，与他们当下的“现实性”几乎是等同的。直到大约12岁以后，可能性与现实性才有了分别，而且与逻辑必然性紧密相关了。青少年可以在假设的基础上形成“可能性”，但是，这种“可能性”只有经过科学试验或者严格的演绎推理的“证实”，也就是在拥有了“逻辑必然性”之后，“可能性”才能成为更高形式的“现实性”。这就是我们通常所说的、伟大人物的创造性，本质上不同于儿童式的“胡思乱想”，他们的可能性和创造性总是具有某种逻辑必然性。

基于这种观点，我们认为：儿童物理性的、前欧氏几何空间观念，虽然本质上不同于欧氏几何空间观念，但是，后者既是前者的可能性，又是前者的必然性。实在难以理解的话，不妨再想想种子、树苗和花朵的关系。

第四章

6—12 岁阶段的算术游戏

这里所说的算术，涵盖了整个小学阶段的加、减、乘、除及其四则混合运算。传统算术教育，过于重视“计算”之“术”，以运算速度和准确性为核心，所以在策略上必然强调机械重复。而数学发生学强调，基于儿童已有的认知发展水平，通过操作活动、游戏体验、师生对话等途径，让儿童自己发明数学、创造数学，促使数学观念得以精彩地诞生。12岁以后，儿童内在的认知结构会逐步超越具体的操作活动，进入代数式与函数的运算阶段。本章涉及的算术游戏，在整个代数观念生成系统中的位置如下图所示：

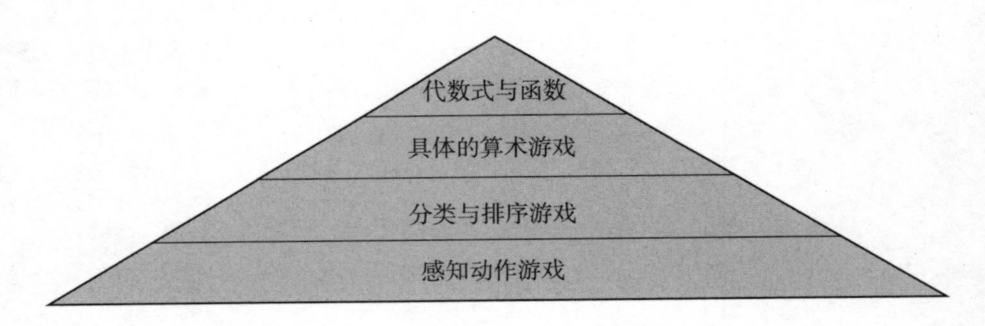

图 4-1　算术游戏在代数观念生长系统中的位置

第一节 6—12 岁的儿童怎样学习科学计数

游戏 1 类的合并

游戏材料：棋子，5 个苹果，3 个梨，3 根红色的彩笔等。

游戏步骤：

1. 问：3 颗黑棋子与 5 颗白棋子合在一起等于多少？
2. 问：5 个苹果与 3 个梨合在一起等于多少？
3. 问：5 个苹果与 3 根红色彩笔合在一起等于多少？

游戏目的：了解儿童类合并能力的认知发展水平。

游戏参与者：小瀚（4 岁半），小亮（6 岁），小浩（7 岁半）。

游戏过程：

老师："黑棋子是棋子吗？"

小瀚："是的。"

老师："白棋子是棋子吗？"

小瀚："是的。"

老师："3 颗黑棋子加上 5 颗黑棋子，一共是多少？"

小瀚："8 颗。"（用手指点数）

老师："现在，黑棋子多还是白棋子多？"（把 5 颗黑棋子换成 5 颗白棋子）

小瀚："白棋子多。"

老师："白棋子多，还是棋子多？"

小瀚："白棋子多。"

老师："5 颗白棋子加上 3 颗黑棋子，一共是多少颗棋子？"

（小瀚开始一颗一颗地点数）

小瀚："8 颗。"

老师："5+3=8，对吗？"

小瀚："对啊。"

此时，小亮开始参与游戏。

老师："白棋子多，还是棋子多？"

小亮："棋子多。"

老师："5 颗白棋子加上 3 颗黑棋子，一共是多少颗棋子？"

小亮："8 颗。"（不用点数）

老师："5+3=8，对吗？"

小亮："对啊。"

老师："5 个苹果加上 3 个梨，等于多少？"

小瀚："不知道，我觉得不能加。"

小亮："也许不能加，也许可以加，对的，可以加，等于 8 个水果。"

老师："5 个苹果加上 3 根彩笔呢？"

小亮："这个应该不能加，它们不像苹果和梨都属于水果。"

小浩："可以加，就等于 8，跟它们是苹果、梨，还是棋子或者彩笔都没有关系。"（小瀚完全蒙了，而小亮坚决反对）

老师："为什么没关系呢？"

小浩："就是没关系，5 加 3 永远等于 8，跟具体的东西无关，只跟数量有关。"

分析：根据小瀚的表现，我们可以推知：儿童总是先从定性的角度理解部分与整体的关系，然后才能定量地理解类的加法运算，而数的加法运算与类的加法（或叫合并）总是处于同步发展的状态。处于感知运动阶段（0—2 岁）的儿童，他们的"棋子概念"是混合型的，没有数量化的棋子观念；在前运算阶段（2—6 岁），儿童的认知仍然受到感知或视觉的局限，他们能够从定性的角度，判断黑棋子和白棋子都是棋子，能够"看到"黑、白棋子是两个"类"，以及两个类的多与少，但是，作为整体的类——棋子，却需要增加一个"动作"——对黑、白两个类的协调重组（抽象），所以，在定量比较时，作为全体的棋子往往会"消失不见"。也就是说，儿童知道黑、白棋子都是棋子——能够

从部分到整体，但是，他还无法判断棋子与白棋子的多少——不能从整体到部分。或者说，当需要把整体与部分比较时，儿童“忘记”了整体的存在，而只能进行部分与部分之间的比较。这说明，小瀚还不能理解类与子类的包含关系，他虽然也知道“5+3=8”，但是这并不表明他已经掌握了加法运算，他只是会操作一些具有相同属性的类与类的合并游戏：依靠机械计数，他知道 3 颗黑棋子与 5 颗黑棋子合并在一起就是 8 颗黑棋子。当老师把 5 颗黑棋子换成 5 颗白棋子时，因为他知道不管黑棋子还是白棋子都是棋子——形状上的相似性，暂时“压住了”颜色上的差异性，所以，他认为黑、白两类棋子的“合并”仍然是可行的。但是，当老师把棋子换成苹果和梨时，颜色不同，形状也不同，不能“抽象”出“水果类”的小瀚，也就无法继续从定量的角度进行类合并的游戏了。由此可知，在这个阶段，教小瀚学习抽象的算术加法运算是不合适的。

对于 6 岁的小亮而言，他之所以承认“5 个苹果加 3 个梨等于 8”，只是因为他为“苹果类”和“梨类”找到了一个更大的、可以包含前两者的“水果类”。而他之所以认为“5 个苹果与 3 根彩笔不能相加”，是因为他不能为这两个子类找到一个“更大的类”。在这里，不管是“5”，还是“3”，都不是一个抽象的数字，而是苹果集合、梨集合的具有物理属性的“名字”——物理符号，这些符号还不能脱离具体的实物而独立存在。所以，小亮掌握的加法仍然只是具体的类的加法，而不是算术加法，他思维中的可逆性观念还是具体的、不稳定的。当小亮遭遇这样的认知冲突之后，如果能够将自己原有认知结构中的类观念和数观念，投射到更高的层级，协调重组之后，新的数观念就可以脱离具体的物理属性的类而独立存在；或者，在面对一个个由具体实物构成的“类”时，可以完全排除类所包含的元素的物理性质，而仅仅关注类的“数量”性质，从而使物理符号性的数字，成为真正形式化的（抽象的）“数学符号”，他就能够真正进入算术运算的领域。

对于 7 岁半的小浩来说，他的数观念是稳定的，数字已经可以脱离具体的实物而独立存在，他能够排除视觉因素的、物理性质的干扰，而完全从纯粹的数量角度，关注集合与集合的关系（或类与类的合并）。

在小浩的内在认知结构里，算术加法观念是稳定的、有效的，他可以把自己的加法观念作用于客观世界，并在与世界和同伴交流对话的过程中，丰富自己对客观世界的认识。例如，假设他家住在北京丰台体育中心附近，现在他想知道他家离北京天安门广场有多远，爱跑步的表哥给他提供了一个信息：有一次从丰台体育中心跑到五棵松地铁站附近，手机显示大约 8 公里；而开车的爸爸又给他提供了另一条信息：有一次开车从五棵松到天安门，汽车仪表盘上显示的里程数大约增加了 13。很显然，这些信息对于小浩解决自己的疑问，已经足够了。

当下，父母或老师普遍疑惑的是：到底该在何时、以何种途径引导儿童学习形如“5+3=8”的算术加法呢？成人首先需要科学地评估儿童是否为学习“5+3=8”做好了充分的准备，也就是说，教学的起点必须是儿童，而不是成人自己的意愿。这个评估涉及两个核心问题：第一个问题是，儿童能够理解“类”和“子类”的包含关系吗？在上面这个游戏中，小瀚处于完全不理解的状态，小亮处于临界状态，而小浩已经可以理解。所以，对于小瀚来说，学习“5+3=8”是没有意义的，如果成人强行让他学习，他就只能死记硬背了。第二个问题是，儿童能否进行理解性的计数？3 岁左右，正常儿童就开始学习计数了，但那时只不过是机械计数，儿童并不理解数的科学含义；6 岁左右，儿童能够在内在思维活动中，将“基数”和“序数”观念很好地协调起来，从而达到理解性的计数水平（这个问题将在下面两个游戏中进一步地论述）。满足了以上两点，儿童才可以正式开始学习形式化的加法运算，在此之前，成人只需陪伴儿童做各种各样的关于类合并的游戏。

最后，为了澄清一个大家习以为常的“误解”，我需要提出一个看似十分怪异的问题：通过观察把 3 个苹果与 5 个苹果合并到一起的“动画演示”，儿童就能“归纳总结”出“5+3=8”吗？这显然是一种至今仍然非常流行，但却极其荒谬的“数学教育观点”。

从数学发生学的角度看，儿童经历了大量科学合理的数学游戏活动之后，他们完全可以轻松地理解形如“5+3=8”的加法运算，而且，他们还知道：这种运算不仅跟苹果、梨、围棋子无关，甚至跟一切可见的客观物体都没有关系，它是一种完全可以脱离客观物体的物理属

性而独立存在的“数理逻辑关系”。但是，为什么我们要在早期的游戏中一再出现苹果、梨、围棋子等各式各样的实物或者实物模型呢？这是因为数理逻辑关系，并不是突然间从某个神秘的黑箱子里蹦出来的，它是伴随着儿童的成长而慢慢生长起来的，它的源头或者说“最初的种子”，就隐藏在儿童的“动作”之中。在相当长的时间里，儿童的“动作”总是表现为“对某物的动作”，他们需要操作、撕扯、摇晃、搭建、摆弄各式各样的实物，但是，数理逻辑关系并没有预先隐藏在这些实物中，而是以比较低级的形态隐藏在儿童的动作之中，表现为最初的、可见的“动作逻辑”。慢慢地，随着儿童对自身“动作逻辑”的内化，这种关系就逐步以“观念”的形态扎根于儿童内在的思维结构之中。儿童之所以需要长期操作各式各样的物体，是因为儿童需要对“自己的动作”进行不断的协调和再组织，而绝不是试图通过反复强化“视觉行为”，并从物体中直接观察、概括、抽象出“数理逻辑关系”。

不仅是在6岁以前，甚至在整个小学期间（6—12岁的具体运算阶段），儿童都需要大量的、对某物的具体操作活动，一旦儿童通过对自身动作逻辑的内化，在大脑中“生长”出加法观念之后，他就可以把形如“5+3=8”这样一个纯粹的数理逻辑观念，作用于形形色色的物体之上。他看到的也许是“5头黑牛,3头黄牛”，或者“5个苹果,3个梨”，或者“5个星星,3个萤火虫”，或者“5个梦里的小魔怪,3个小精灵”，或者“5个A，3个B”……只要把它们看作两个“集合”，然后将其合并起来，“结果”一定是8。7岁，甚至更小一点儿的儿童，都完全能够理解这种“关系”只跟“数量”有关，而跟其他物理因素没有丝毫的关系。

时至今日，多数老师已经在潜意识中相信：“上帝”并没有在儿童的大脑中“预存”加法运算能力，但是，他们却按照惯性思维坚定地认为，儿童只要通过观察5个苹果和3个梨，就能够有效地掌握加法运算。实际情况是：不管是苹果、梨，还是石子或其他的客观存在的自然物体，它们的身体之中既没有“5”，也没有“3”，更没有“加法”，所有这些都是人类在与客观世界互动的过程中，创造发明出来的。所以，虽然加法运算已经作为符号系统，存在于人类的历史文化之中，但是儿童要想真正有效地掌握它，就必须像我们伟大的先民一样，去“发明”加法，去“创造”加法，而绝不是等待着“被灌输”加法！当我们慨叹人类的知识浩如烟海、人类的生命短如秋蝉时，我们要做的就是，如何通过适宜的游戏活动，协助儿童更加有效地“发明”和“创造”，而绝不是反复地灌输、反复地操练，在违背儿童天性的题海战术中，浪费宝贵的年华。

游戏 2 基数与序数（1）

游戏材料：围棋子若干，硬纸板一张，画笔等。

游戏步骤：

1. 请儿童在硬纸板上从左往右按顺序写上数字 0—7。
2. 在每个数字上面摆上相应数量的围棋子。
3. 通过对话，协助儿童理解基数与序数之间的关系。

游戏目的：协助儿童建构和发展科学计数的观念。

适龄儿童：5—7 岁。

游戏参与者：小瀚（6 岁 18 天）。

游戏过程：

老师：“请在纸板上按顺序写下数字 0，1，2……7，然后在每个数字上方摆出相应个数的黑棋子，摆成一个竖列的形状，这样每个竖列合起来就又构成了一个新的图形。”

小瀚很快就按要求摆出，如图 4-2 所示。

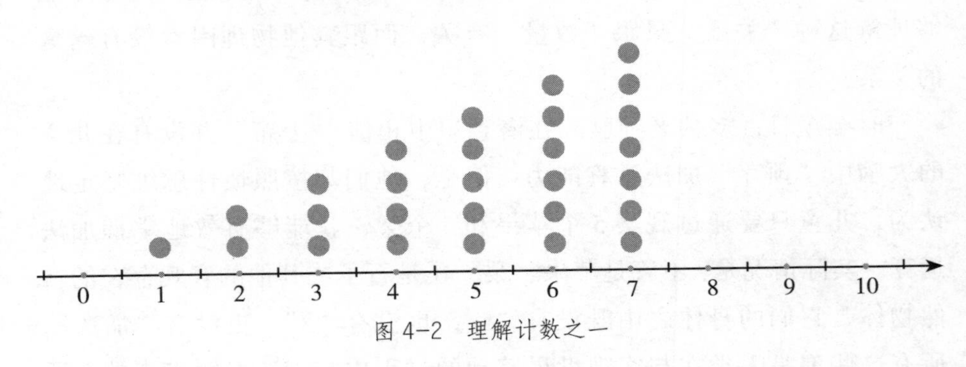

图 4-2 理解计数之一

老师：“第一个图形在哪？”

小瀚："在这儿。"（他指着数字1的位置）

老师："为什么不是这里呢？"（指着0的位置）

小瀚："因为这里是0，没有摆棋子，它没有图形。"

老师："很好！那么，第5号图形在哪里？"

小瀚："在这里。"（他指着数字5和上面的围棋子）

老师："它是由几个1号图形构成的呢？"

小瀚："5个，1号图形有1颗棋子，5号图形有5颗棋子。"

老师："第7号图形在哪里？它是由几个1号图形组成的？"

小瀚："在这儿，它由7个1号图形组成。"（指着数字7和上面的围棋子）

老师："由6个1号图形组成的新图形在哪里呢？"

小瀚："在这儿，它是6号图形。"（指着数字6和上面的围棋子）

老师："由12个1号图形组成的图形在哪里呢？"

小瀚："现在没有，不过我知道它应该在这里，由12颗棋子组成。"（在7的右边，隔着一段距离点了一下）

分析：在整个游戏过程中，小瀚能够根据序数确定基数，也能够根据基数确定相应的序数，整体来讲，他已经可以协调原有的基数观念和序数观念，进而形成初步的科学数观念了。这个过程是一个特别的"反省抽象"的过程，那么，什么叫"反省抽象"呢？它跟我们通常所说的"抽象"一词有何异同呢？

日常生活中，"形象思维"与"抽象思维"是一组相对的概念，前者往往是具体的、可见的、形象的、丰富的、发散的，而后者往往是形式的、逻辑的、线性的、封闭的。如果无视儿童思维的"发生学"特征，这样的界定也未尝不可，但是，一旦我们承认儿童的思维具有"像种子一样"的生长特性，上面的说法就需要仔细推敲推敲了。天上的白云，对于成人来说简直太形象了，但是对于刚刚出生几个月的婴儿来说，那是个啥东西啊？太抽象了吧！2+3=5，对于小学二年级的儿童来说是非常形象直观的，但是对于3岁的儿童来说，却过于抽象了；没有粗细、可以向两端无限延长的直线，能够在一个高中生的脑海中活灵活现地显现出来，但是对于小学低、中段的儿童来说，却是难以想象的、抽象的……所有这些例子都说明，如果不考虑儿童的思维发展特点——像种子一样的生长特性，泛泛言说思维的“形象”或“抽象”是不合适的。

也就是说，对于儿童认知能力的成长历程而言，“形象”是相对的，“抽象”也是相对的。从数学发生学的角度讲，儿童的思维活动，可以分为简单抽象和反省抽象。简单抽象是儿童直接对客观存在的物体的抽象，它可以获得诸如颜色、大小、轻重、软硬等物理性知识；而反省抽象是儿童对自己内在的、已有认知观念和结构的抽象（也包括低龄儿童对自身动作的抽象），它可以获得数理逻辑知识。数学教育的不恰当性，主要表现在：由于不能区分简单抽象和反省抽象的区别，而把数理逻辑知识错误地建立在简单抽象的基础之上。比如成人总是会这样教儿童学习加法：用实物或者图片显示，一个篮子中有 3 个苹果，另一个篮子里有 4 个苹果，放在一起就是 7 个苹果，所以，3+4=7。事实上，儿童并不能通过此类生活实例真正理解 3+4=7，因为 3+4=7 是完全不同于物理性知识的数理逻辑知识，它是看不见、摸不着、无臭无味、无踪无影的。相反，如果把后一个篮子里的 4 个苹果换成 4 个梨或 4 个石子，儿童不仅无法学会加法，而且会引起严重的思维混乱：结果到底是 7 个苹果呢还是 7 个梨，或者是 7 个石子？还是啥都不是？如果啥都不是，干吗要以苹果、梨或者石子为例呢？（这些问题在本章游戏 1 中也有涉及，读者可以参照阅读。）

在刚才这个游戏活动中，小瀚虽然一直在操作围棋子，但是，他脑海中的“科学数观念”，绝不是从这些围棋子中“简单抽象”出来的。通过以前大量的分类游戏活动和排序游戏活动，他已经在脑海中建构生成了“类观念”和“序观念”，对应的，也就有了初步的“基数观念”和“序数观念”，只不过在此之前，他还不能将二者很好地“协调”起来。在上面的游戏活动中，通过外在的“刺激”——他自己的操作活动以及我的提问，他将自己脑海中原有的基数观念和序数观念协调重组起来，从而“生长”出一个新观念——科学的数观念（而不是早期仅仅满足于机械计数的“数”），这个思维过程就是一个非常典型的“反省抽象”。

游戏3 **基数与序数（2）**

游戏材料：硬纸板一张，画笔等。

游戏步骤：

1. 请儿童在硬纸板上画一条长长的细线，然后在最左侧标记数字“0”，作为“出发点”。

2. 引入小白兔跑步的游戏，同步在细线上标记数字1—9。

3. 引入小白兔和小灰兔进行接力赛跑的游戏，进行数字拆分。

游戏目的：协助儿童建构和发展科学计数的观念。

适龄儿童：5—7岁。

游戏参与者：小瀚（6岁18天）。

游戏过程：

老师首先跟小瀚一起制作好如图4-3所示的“数据线”，然后开始对话。

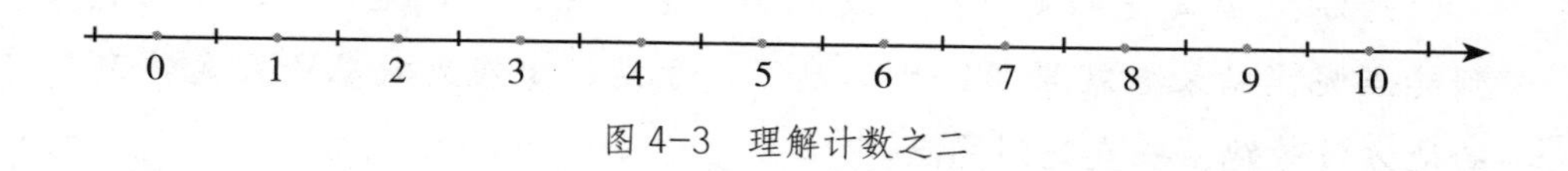

图4-3 理解计数之二

老师：“现在有一只小白兔待在‘0’点，也就是出发点的地方，它接下来每走一步就会到达一个新位置，那么，它到达的第一个新位置在哪里呢？”

小瀚：“在这儿。”（他指着数字1的地方）

老师：“它到达的第二个新位置在哪呢？”

小瀚：“在这儿。”（他指着数字2的地方）

老师：“它跳了几步才到达这个位置的？你能用手比画一下吗？”

小瀚：“应该是跳了两步。”不过，他比画小白兔是怎么跳的显然是不够准确的，感觉他是不理解“一个位置”其实是对应着“一个点”，而跳出的“一步”其实是对应着“一段儿距离”“一条线段”，所以老师稍微示范了一下：用食指点住一个地方就表示一个“新位置”，用右手大拇指和食指比画一段距离就表示“跳一步”，小瀚很快也就理解了“一个位置”和“一步”的区别。

老师：“小白兔到达的第四个位置在哪里呢？”

小瀚：“在这里。”（指着数字4的位置）还没等我接着提问，他就说：“它是从这里（‘0’点）出发的，这是它走的第一步（用大拇指和食指比画0与1之间的距离），这是它走的第二步（用大拇指和食指比画1与2之间的距离），这是它走的第三步（用大拇指和食指比画2与3之间的距离），这是它走的第四步（用大拇指和食指比画3与4之间的距离）。”

老师：“小白兔到达的第七个位置在哪里？它一共跳了几步才到达这里的？”

小瀚：“在这儿（指着数字7的位置），它肯定是跳了7步。”

老师：“现在又来了一只小灰兔，它们两人要联合起来进行一场接力赛跑……”

小瀚：“啥是接力赛跑？”

老师：“就是先确定一个出发点和一个终点，小白兔先跑，还没有到终点呢，结果它就累了，想休息了，于是，小灰兔就从小白兔休息的地方接着跑，一直跑到终点。”

小瀚：“哦，我明白了，开始跑吧！”

老师：“好！现在规定‘0’为出发点，‘9’为终点，小瀚能为它们制订一个赛跑方案吗？”

小瀚：“方案是什么？”

老师：“就是小白兔需要跑几步？小灰兔又需要跑几步？然后两人合作，跑到终点。”

小瀚：“我知道了，小白兔可以先跑1步，小灰兔接着再跑8步；也可以小白兔先跑2步，小灰兔再接着跑7步；也可以小白兔先跑3步，小灰兔再接着跑6步……也可以小白兔先跑8步，小灰兔再接着跑1步。对了，还可以小白兔跑9步，小灰兔就不用跑了。”

老师：“不管是哪种方案，两只小兔跑的步数合并在一起总是多少？”

小瀚：“总是9步。”

老师："那你能把每一种方案对应的加法算式写出来吗？"

小瀚："好啊。"然后，他在白纸上写出：1+8=9，2+7=9，3+6=9，4+5=9，5+4=9，6+3=9，7+2=9，8+1=9，9+0=9。

老师："可以是0+9=9吗？"

小瀚："应该也可以。"

老师："为什么呢？0+9=9是什么意思？"

小瀚："就是小白兔不跑，都让小灰兔跑。"

分析：通过这个游戏，可以表明：小瀚已经基本理解了基数和序数的关系，而且，在具体且合适的环境中，他也能够进行10以内的加法运算了。关于加法运算，幼儿园老师应该已经教过，但是在日常的数学游戏中，我对他已经学过哪些数学知识几乎都是"视而不见"的，我只希望他能够通过幼儿园的数学课程，学会正确地书写阿拉伯数字、加号（+）、等号（=）就足够了。所以，当有人建议他去课后补习"幼升小数学衔接课程"时，被我们婉言谢绝了。对于小瀚这个阶段的儿童来说，他们需要的是大量的数学游戏，而不是大量的算术知识！

前三个游戏，都跟儿童数观念的形成密切相关，其实，数观念是一个极其复杂的问题，经历漫长的小学阶段，一直等到12岁左右，儿童的数观念才能再次迈上一个崭新的台阶。从此以后，儿童才能摆脱具体的活动与实物，能够用纯粹的形式符号表示数或式，并能对其进行各种复杂的组合运算，且正式告别"算术阶段"，跨入"代数阶段"。儿童数观念的生长期起始于6岁左右，为何一直要延续到12岁左右，才能被纳入新的运算结构呢？主要原因有：

第一，协调类结构与序结构所获得的数观念，只是科学数观念的开始，而不是终结。离散数的守恒是科学数观念的应有内涵，成长需要一个过程。

第二，前述的数观念其实只是自然数观念，还有分数、小数、百分数，一直到负数、无理数、实数、虚数、复数……这个复杂的建构过程也不可能一蹴而就。

第三，计数本身自有它的价值和意义，但是，建构数与数之间的关系——运算——具有更大的价值和意义。整个小学阶段的算术运算，其结果虽然并没有扩展数的范围，但是对“数感和算理”的建构，却起着重要的奠基性作用。

第四，根据我们自己的试验研究，12 岁以前的儿童，其实并未做好进入形式运算阶段的心理和智能准备。一个进入形式运算阶段的年轻人，他完全可以在假设的基础上进行纯粹形式化的演绎推理，他的认知结构当然可以作用于外在的客观自然世界，并由此获得广义的物理学知识。但是，他也完全可以摆脱一切物理因素的干扰和影响，通过头脑中内在的反省抽象活动，生成纯粹形式化的数理逻辑知识；他的智能水平不仅可以帮助他以过去和当下发生的事情为主题，而且能够以未来的可能性事件为主题。显而易见的是，12 岁以前的儿童（甚至许多成人）并未对此做好准备，他们的运算是“具体”的，需要具体的活动和实物的参与；他们的思维可逆性也仍然是独立运作的，还不能充分协调重组为一个灵活自如的、形式化的运算系统。

第二节　6—12 岁的儿童怎样学习加法与减法

游戏 4　数量守恒与加法

游戏材料：10 块糖果，10 颗黑色棋子等。

游戏步骤：

1. 小羊、小猫吃糖，谁吃得多？

2. 围棋子分堆儿。

游戏目的：协助儿童建构加法观念。

适龄儿童：5—7 岁。

游戏参与者：小瀚（5 岁），小亮（6 岁），小浩（7 岁）。

游戏过程：

老师："小羊上午吃了5颗糖，下午也吃了5颗糖；小猫上午吃了2颗糖，下午吃了8颗糖。在这一天之内，谁吃的糖多一些？"

小瀚："小猫吃得多一些。"(而小亮和小浩都回答说："一样多。")

老师："谁上午吃的糖多一些？"

小瀚："小羊上午吃得多。"

老师："一天包括哪些时候？"

小瀚："包括上午、下午，晚上算吗？"

老师："当然算啊，一天就是包括上午、下午和晚上的，不过，这里没有提到晚上。你认为小羊一天之内吃了几颗糖？"

正当小瀚掰手指算数时，旁边的小亮和小浩已经抢答了："10颗。"于是，小瀚也说是"10颗"。

老师："那小猫一天吃了多少颗糖呢？"

跟刚才情况一样，没等小瀚回答，又有人抢答了。

我接着问小瀚："在这一天之内，小羊和小猫谁吃的糖多一些？"

小瀚："小猫多。"

老师："现在，我们用10颗围棋子代替10颗糖，为小羊和小猫制订一个吃糖计划吧，也就是把10颗糖分成两堆，一堆上午吃，一堆下午吃，好吗？"

小瀚进行了每堆儿都是5颗的平均分配，然后宣布"完成任务"。当我希望他继续摆一摆、看一看时，他表示拒绝。小亮首先进行了平均分堆儿，随后又进行了4—6、2—8、3—7分堆儿。小浩自始至终都"不屑于"参与。

老师："你能给每种分法列出一个加法算式吗？"

小亮："能，5+5=10，4+6=10，2+8=10，3+7=10。"

老师："那么，10可以等于几加几呢？"

小亮："不知道。"

小浩："10=5+5，10=4+6，10=2+8……我用棋子摆一摆吧。"一分钟之后，他说："0+10=1+9=2+8=3+7=4+6=5+5=6+4=7+3=8+2=9+1=10+0=10，反过来就是：10=0+10=1+9=2+8=3+7=4+6=5+5=6+4=7+3=8+2=9+1=10+0。"

分析：皮亚杰曾经反复言说过一个有趣的例子：他朋友的一个小孩独立摆弄10个石子，当把石子排成一行时，小孩发现不管是从左往右，或是从右往左，还是从中间任何一个位置开始计数，石子的数量并不改变，永远都是10；当小孩将石子排成两行、三行、三角形、方形、圆形，以及各种不规则的形状时，小孩发现石子的数量"永远不变"。皮亚杰试图用这个例子说明"简单抽象"和"反省抽象"的区别：前者是直接对物体本身的抽象，可以得到诸如颜色、大小、形状、软硬等物理知识；后者是主体（人）对自己已有的内在观念的抽象（在早期还表现为对"自己的动作"的抽象），"数量不变"并不是石子本身的性质，而是儿童对自己的动作进行协调重组之后所获得的知识，是完全不同于物理知识的数理逻辑知识。可惜，在我所做实验中，没有发现任何一个儿童会主动地、充满乐趣地玩这种游戏，成人的引导（哪怕是潜在的）是儿童的数学游戏得以顺利进行的重要因素。

小瀚虽然已经知道了"5+5=10"，但是，当他的关注点聚焦于"8颗糖"时，作为"整体的10颗糖"就"消失了"，所以，他会判断"小猫吃得多一些"。在小瀚的内在认知结构中，类与子类的包含关系并未建构生成，所以，与"类的合并"相对应的"加法观念"暂时还是碎片化的、不系统的。对于小亮而言，在他的内在认知结构中，类与子类的包含关系显然已经建构生成，但是，他的类结构、序结构和数观念相互之间的协调还不够充分，还不能形成一个有机的、整体性的认知武器。当他把"类的合并"转化为"算术加法"时，他还需要依赖外在的动作操作，所以，当他在列举形式化的加法算式时，系统性还略显不足。而这些问题，在小浩的认知过程中都已得到较好的解决。小浩"不屑于"参与游戏，但是，他其实并非完全没有参与，我提出的问题于他而言就是一个"外在的刺激"，小瀚、小亮的游戏活动，特别是我与他们之间的对话，事实上构成了小浩的认知背景，假如没有这个背景，他后来解决问题的过程，应该不会如此顺利。

游戏5 加法交换律

游戏材料：维C片若干，棋子。

游戏步骤：

1. 问：小明上午吃了3颗维C片，下午吃了5颗维C片；而小亮上午吃了5颗，下午吃了3颗，那么，一天之内，小明和小亮吃的维C片一样多吗？

2. 在保持总量不变的情况下，改变上、下午所吃维C片的数量，继续追问“是否一样多”。

3. 特殊的成对数字，交换顺序相加，追问结果“是否改变”。

游戏目的：协助儿童建构和发展类合并的交换性观念。

适龄儿童：5—9岁。

游戏参与者：小宇（6岁2个月，一年级）。

游戏过程：

老师：“小明上午吃了3颗维C片，下午吃了5颗维C片；而小亮上午吃了5颗，下午吃了3颗，一天之内，小明和小亮吃的维C片一样多吗？”

小宇：“一样多。”

老师：“为什么？”

小宇：“3+5等于8，5+3也等于8，都是8颗。”

老师：“如果小明上午吃了2颗，下午吃了6颗；而小亮上午吃了6颗，下午吃了2颗，一天之内，他们吃的维C片还一样多吗？”

小宇：“也是一样的，2+6=6+2，都是8颗。”

老师：“如果小明上午吃了1颗，下午吃了7颗；而小亮上午吃了7颗，下午吃了1颗，一天之内，他们吃的维C片还一样多吗？”

小宇：“还是一样的，1+7=7+1=8。”

老师：“你从中发现了什么规律？”

小宇：“他们两人吃的维C片总是一样多的。”

老师：“哦，还有吗？”

小宇：“没有了。”

老师：“好的，我们先暂时不管维C片了，换几道加法题吧，6+7等于几？”

小宇：“13。”

老师："7+6 呢？"

小宇："也是 13。"

老师："8+9 呢？"

小宇想了一会，面露难色，我提示他可以借助围棋子。他先数出 8 颗为一堆，然后又数出 9 颗作为另一堆，一一点数之后，说："有 17 颗。"

老师："那么 9+8 等于几呢？"

小宇基本是把上述动作重复了一遍，说："等于 17。"

老师："在前面小明和小亮吃维 C 片的游戏中，如果用 a 表示小明上午吃的维 C 片，用 b 表示他下午吃的维 C 片；用 b 表示小亮上午吃的维 C 片，用 a 表示他下午吃的维 C 片，那么，小明和小亮一天之内吃的维 C 片还一样多吗？"

小宇："我不知道，这（指着 a，b）只是英语字母啊，怎么能表示维 C 片呢？！"

老师："哦，没事，我刚说错话了！"（几乎是胡乱"搪塞"过去的，因为我知道我最后的问题肯定是"太过分了"，所以只能马上打住，以免引起儿童不必要的思维混乱。）

分析：其实，在上述具体情境中，如果数字不是太大，7 岁左右的儿童几乎都可以准确地回答问题，但是，这是否说明他们已经准确地掌握了加法交换率，即 a+b=b+a 呢？答案显然是否定的。实验表明，这样的等式除了让 7 岁的儿童感到迷惑不解之外，并无任何其他的功效！ 7 岁儿童知道"5+6=6+5"，也知道"5+7+5=（5+5）+7=17"，但是，这并不意味着他们从算理（就是运算背后的道理）的角度，掌握了形式化的加法交换律和结合律。

大量的试验表明：在具体的操作性活动中，量的守恒性，运算的可逆性和加法的交换性、结合性可以同步获得发展，不过，形式化的运算律的学习却晚于具体加、减法的学习。儿童首先学会的是，在具体情境中"使用"运算律。最初，这种"操作性的使用"是无意识的，是儿童对自己的"动作经验"的积累，这种积累还不足以内化为抽象的认知结构。所以，在教学过程中，形式化的运算律绝对不能过快、过早地出现，而应该给孩子们留下足够的积累动作经验的时间和空间，

儿童可以通过大量的具体操作和实例，局部性地归纳出一个个“结果”。重要的不是所获结果是否严谨与科学，而是儿童在反复的动作操作和实际运用中所积累的心理上的安全感——情感上的“相信”，心理上的“踏实”，而不是逻辑上的“论证”！

需要注意的是：即便到了9岁左右，儿童已经可以从心理上“认可”a+b=b+a，但是，这种“认可”仍然是具体的、算术化的，而不是形式化的、纯粹代数意义上的内在观念。

游戏6 制作数字盘

游戏材料：围棋子若干，画笔，纸板等。

游戏步骤：

1. 引导儿童计算9加上另一个数字的和。

2. 引导儿童观察运算结果的规律，并制作数字盘。

游戏目的：促进儿童关注数字与数字、数字与运算、运算与运算之间的关系，培养数感。

适龄儿童：5—7岁。

游戏参与者：小兰（6岁5个月）。

游戏过程：

老师：“小兰，我们来看看这个算式：9+？＝？”

小兰：“这是什么算式啊，我可没见过！”

老师：“哦，没关系，我们先请围棋子帮帮忙，看看9+2=？”

小兰：“好啊。”她先数出9颗棋子，又数出2颗，然后说：“等于11啊，这个简单。”

老师：“9+3=？”

小兰又添上一颗棋子，说：“等于12。”

老师：“9+4=？”

小兰再次添上一颗棋子，说：“等于13。哦，我明白了，‘9+？＝？’的意思就是，9可以与哪些数相加，结果等于几。”

老师：“是的，就这么简单！”

小兰：“这就好啦，我知道，9+1=10，9+2=11，9+3=12，9+4=13……”

老师：“这些结果好像都与10有些关系，那么，你知道数字9与数字10是什么关系吗？”

小兰：“9加上1等于10，10比9多一个。”

老师：“对的，在算式9+2，9+3，9+4，9+5中，其实都含有‘9+1’，你看出来了吗？”

小兰看上去有点儿疑惑，可能是我的问题不够清晰。我进一步提示说：“在‘9+1’的基础上再加上数字几，就可以变成‘9+2’呢？你可以摆一摆围棋子啊。”

小兰把刚才的棋子又摆弄了一下，然后说：“哦，我明白了，不管把9与哪个数相加，都可以让它先加上一个1，然后再加上剩下的数。”

老师：“比如9+5=？怎样计算？”

小兰：“9+5=9+1+4=10+4=14，9+6=9+1+5=10+5=15……”

老师：“那么9+6与9+5之间是什么关系呢？”

小兰：“有关系，9+6其实就是9+5+1，9+5=14，所以9+6就等于15。”

老师：“9+6=15，现在，你能用棋子说明这个加法算式是什么意思吗？”

小兰：“一堆棋子有9颗，另一堆棋子是6颗，合在一起就是15颗。”她随后又用棋子“操作”了其他几个算式。

老师：“好的，我们再看看‘9+6=15’这个式子，一堆9颗，另一堆6颗，合成一堆就是15颗棋子，现在，如果我从这一堆中拿走了9颗，还剩下几颗？”

小兰：“还剩下6颗。”

老师：“为什么呢？”

小兰：“15−9=6。”（如果儿童不能直接回答，可以引导他们再次操作棋子）

老师：“如果我拿走了6颗，还剩下几颗？”

小兰：“还剩下9颗，因为15−6=9。”

老师：“现在咱们两人合作一下，我用棋子解释加法算式‘9+7=16’，你再接着用棋子解释减法算式，好不好？”

小兰："好啊。"

……

老师："真棒！接下来我们一起制作一个数字圆盘，把这些关系表示出来吧。"

小兰："好。"

在老师适当的启发之下，小兰制作的数字圆盘如图4-4所示：

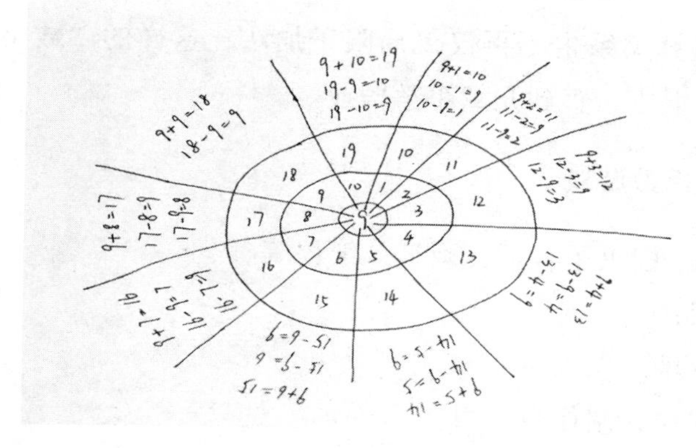

图4-4 与"9"相关的数字盘

分析：这个游戏，涉及加法运算中的"凑十"和加法与减法的互逆性。不过，在游戏过程中，"凑十"是通过操作棋子游戏进行的，也就是说，它是具体的、可操作的，而不是纯粹形式化的加法运算。早期的"凑十游戏"既有利于帮助儿童理解"十进制"，又可以为后续的"简便运算"打下基础。另外，从思维的可逆性角度讲，加法与减法互为逆运算，例如：3+5=8与8-3=5或8-5=3互为逆运算。

但是，这些算式之间的可逆性一开始对于儿童来说是外在的、客观的、形式化的，它们怎样才能"内化"为儿童头脑中的内在观念呢？是的，动作！对于儿童来说，将两堆棋子"合并"起来的"动作"就是加法，而将一堆棋子"拆分"成两堆的"动作"就是减法，儿童正是通过蕴藏在"合并"与"拆分"之中的"动作可逆性"，初步感知和领会到，加法与减法的可逆性的，动作经验积累得多了，就可以慢慢内化为内在的思维可逆性。所以，直接告诉儿童加法和减法互为逆运算是无用的，儿童只能依靠自身的动作，自主地建构生成可逆性观念。

对于儿童来说，这个过程就是“发明和创造”数学观念的过程，也是数学观念得以“精彩诞生”的过程！

其实，如果拥有良好的家庭教育环境，儿童完全可以在上小学一年级之前，就很好地玩这个游戏。这个游戏不是专注于机械的加、减法运算，而是引导儿童在具体的游戏活动中，关注数字与数字、数字与运算、运算与运算之间的关系，这是“数感”的实质。随着年龄的增长，图 4–4 中间的数字“9”可以换成更大的数，甚至是小数、分数或百分数，运算关系也不再仅仅局限于加法，这样的“数字盘”其实可以一直制作下去，直到儿童小学毕业。

游戏 7 拆数游戏

游戏材料：围棋子若干，画笔，纸板等。

游戏步骤：

1. 棋子分堆。

2. 观察规律，制作数字树。

游戏目的：促进儿童关注数字与数字、数字与运算之间的关系，建立数感。

适龄儿童：5—7 岁。

游戏参与者：小星（6 岁 6 个月）。

游戏过程：

老师：“这里有 20 颗围棋子，你能把它分成两堆儿吗？”

小星：“能啊。”于是，他迅速分好，每堆儿 10 颗，平均分配。

老师：“根据这种分配方法，你能写出几个加法或减法算式吗？”

小星：“可以是 10+10=20，或者 20=10+10。”

老师：“能写出几个减法算式吗？”

小星：“能，10=20−10，也可以是 20−10=10。”

老师：“这一次咱们进行了平均分配，也就是咱俩分的围棋子是一样多的，你能否换一种分配方法，使你的围棋子多一些，我的棋子少一些？”

小星：“可以啊，不过，这样的分配方法就太多了，我 11 颗，你 9

颗；或者我 12 颗，你 8 颗；或者我 13 颗，你 7 颗……”

老师：“你能写出每一种分配方法对应的算式吗？”

小星：“能。”

后来，我们又一起制作完成了如图 4-5 所示的数字树。

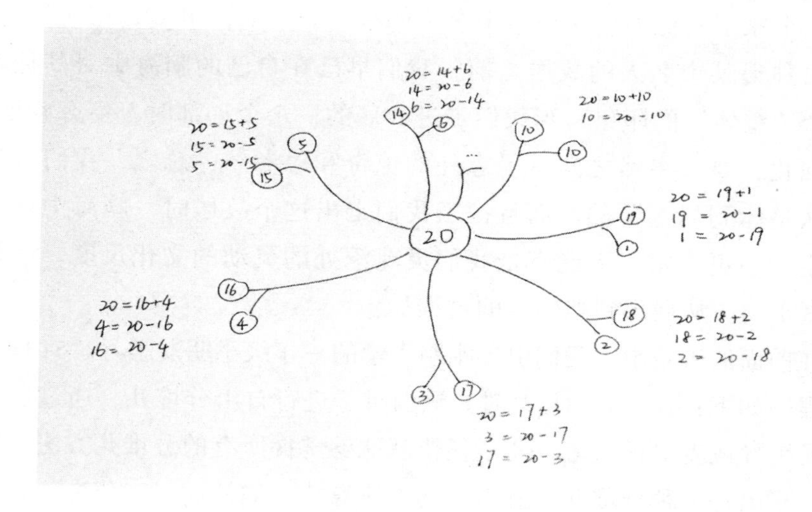

图 4-5 与“20”相关的数字树

图 4-6 中的两棵数字树是 6 岁多的小瀚同学创作的（一年级上学期）。

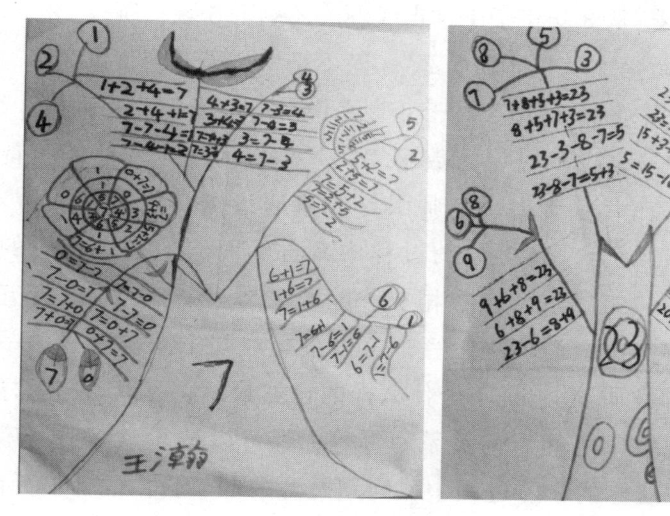

图 4-6 数字树“7”

分析：传统教学中，人们习惯教授儿童：1+7=8，2+6=8，3+5=8，4+4=8……而且往往不是放在一起学习，而是混杂在形形色色的题组和试卷中，其背后的心理学模型是“从局部到整体”，这就好比说：当我们逐一认识了厨房、客厅、书房、卧室等等之后，我们就能深刻地“认识”一个家了，比如说认识某个名人的故居。然而，事实真相往往是：我们去拜谒某个名人的故居之前，我们早已在自己的脑海中对其拥有了一个“整体”的印象，当我们走进故居的一个个局部时，要么验证，要么强化，要么突然之间有了意外的惊奇和思考……总之，我们首先是“从整体到局部”的。而且，当我们走出这个故居时，脑海中是一个更生动、更丰富、更能直抵我们灵魂深处的灵动的文化尺度，这是一个真正的“从局部到整体”的过程！

在前面的游戏中，我们引导刚刚入学的一年级小朋友学习“5+3=8”时，程序如下：第一步，儿童对 8 颗围棋子进行自由分堆儿，通过适当的启发引导或者对话交流，儿童很快就能够掌握所有的分堆儿方法。第二步，写出每一种分堆儿方法对应的加法算式，如针对三五分堆，儿童就可以顺利地写出：8=3+5，8=5+3，3+5=8，5+3=8。第三步，写出每一种分堆儿方法对应的减法算式。同样是这个游戏，儿童很顺利地就能理解：从 8 颗棋子中拿走 5 颗，还剩下 3 颗，所以，8–5=3；而这种分堆儿方法也同样意味着：从 8 颗棋子中拿走 3 颗，还剩下 5 颗，所以，8–3=5。这里遵循的原理就是“从整体到局部”，而不是“从局部到整体”。

在这个拆数游戏中，“20”对于儿童来说是“浪漫的”——会计数、会读、会认、会写，也就是说，数字“20”是作为一个“整体”首先被儿童感知的。在此基础上，老师引导儿童通过围棋子分堆儿游戏，尝试着将 20 进行拆分，在拆分的过程中，自然而然地引入相应的加法和减法，20 可以被拆成两个数相加，也可以是三个、四个或者五个数字相加……对应每一个加法运算，可以改写成几个减法算式……总之，20 的“局部性质”：它是一个什么样的自然数，它可以参与怎样的运算，它与其他数字之间有何关系，等等，都可以被儿童逐一精确地认识和把握。在这样的学习过程中，问题是开放的、自由的、多元的，儿童的思维活动也必然是自由的、开放的、多元的，儿童学会的是探

索与质疑、创造与发明。过去，儿童学习“20”的方法是：12+8=？13+7=？ 15+5=？……20−6=？ 20−12=？ 20−9=？每一个问题都是“局部”的，它们是相互独立的，彼此之间是毫无联系的，问题的答案也是唯一的、封闭的，这些特征导致儿童的学习必然是机械的、重复的，导向僵化模仿而绝不是自由创造，儿童最终会成为流水线上的机械操作员，而不是有创造性的、自由的人！

数学发生学倡导的认知过程是：从浪漫模糊的整体到局部的精确，再从局部的精确到新的、综合性的整体。儿童的认知过程，不是从局部到整体，而是从整体到局部，不是局部相加等于整体，而是在浪漫整体的基础上，才能逐步进行“局部精确”。同时，儿童对未知世界的探索欲望，使儿童不会长久地停留于某个已经被掌握的“局部”，他总是会以此为基础，将获得的新观念协调成一个更加强大的整体性认知结构，进入一个更加广阔的整体！

游戏 8 进位加法与位值制

游戏材料：画笔若干（可用小木棍替代），纸张等。

游戏步骤：

1. 询问儿童：数字“11”中的两个“1”是否表示同样的意思？

2. 通过不同数量的画笔的合并，引导儿童在实际情境中，初步建立位值制观念。

游戏目的：协助儿童初步建立位值制观念。

适龄儿童：6—8 岁。

游戏参与者：小瀚（6 岁 1 个月）。

游戏过程：

老师：“5+6 等于几？”

小瀚：“等于 11 啊。”

老师：“咦，11，怎么有两个 1 啊？这两个 1 是一样的吗？”

小瀚：“不一样啊。”然后，他把左边的“1”用黑色画笔描得更粗了一些，显然，他并没有真正理解我的问题。

老师：“你看，这是 5 支画笔，这是 6 支画笔，它们合在一起是多少支画笔？”

小瀚：“11 支。”并马上在纸上写出算式：5+6=11。

老师：“那么，哪些画笔表示左边这个 1？哪些画笔表示右边这个 1 呢？”

小瀚开始摆弄画笔，没有直接回答我的问题，他显然遇到了困难。

老师：“现在我们一起数一数这些画笔好不好？1 支，2 支，3 支……10 支，现在数出 10 支了，你先把这 10 支用数字表示出来好吗？”

小瀚很快在纸上写出数字“10”。

老师：“好的，注意啊，现在一个非常非常重要的时刻就要出现了，如果再加这最后一支画笔，一共有多少支画笔？用数字怎么表示？”

小瀚说：“一共有 11 支。”同时在纸上写出“11”。

老师：“你能把这最后一步用一个加法算式表示出来吗？”

小瀚：“10+1=11。”并在纸上写出算式。

老师：“该用几支画笔表示右边这个 1 呢？”

小瀚：“应该用 1 支。”

老师：“为什么？”

小瀚：“因为开始本来是 10，最后再加上 1 支画笔，就变成 11 了。”他同时将 11 支画笔分成两部分，左边 10 支在一起，右边是单独的 1 支。

老师：“那么，该用多少支画笔表示左边这个 1 呢？”

小瀚：“应该用剩下的 10 支画笔表示。”

老师：“为什么呢？”

小瀚：“它就是开始的 10，只是加上最后一支之后，把右边的 0 变成了 1。”

老师：“哦，原来右边的‘1’是‘1 支’，而左边的‘1’表示的其实是‘10 支’啊。”

小瀚：“是啊。”

老师：“那我们现在用皮筋把这 10 支捆起来好不好？”

小瀚：“好啊，这个‘1’就变成‘1 捆’了。”

老师：“对的，‘1 捆’就是‘1 个 10’，‘1 支’就表示‘1 个 1’。”

小瀚：“是啊，‘1 捆’是‘1 个 10’，‘1 支’是‘1 个 1’。”

老师："那么，5支画笔加上7支画笔等于多少？"

小瀚："12支。"

老师："这里的'1'和'2'应该分别用几支画笔表示呢？"

小瀚："用'2支'表示右边的'2'，它就是2个'1支'；用'10支'表示左边的'1'，就是用'1捆'表示这个'1'，因为它是'1个10'。"

老师："好，现在我们再添加几支画笔，一堆是7支，另一堆是8支，你会计算吗？"

小瀚："会啊，7+8=7+3+5=10+5=15。"他一边摆弄画笔一边说。

老师："该怎样用画笔表示你的计算结果呢？"

小瀚："用10支表示左边的'1'，这是'1个10'，用5支表示右边的'5'，这是'5个1'。"

老师："那么15+3等于多少？"（边说边增加了3根画笔）

小瀚："太简单啦，等于18。"

老师："这里的'1'和'8'是什么意思？"

小瀚："'1'表示'1捆'，10支画笔；'8'就是'8个1'，8支画笔。"

老师："那15+7等于多少呢？"

小瀚："可以直接数画笔，等于22；也可以用15+5+2=22。"

老师："这里又出现了两个'2'，它们的意思一样吗？"

小瀚："当然不一样啊，左边的'2'表示'20'，也就是'两个10'，要是'10支一捆'，就表示'2捆'；右边的'2'表示'两个1'，就是'2支画笔'。"

这个游戏一连玩儿了好几天！

分析：进位加法，是小学数学的核心内容之一，与十进制、位值制（不同位置的数表示的含义不同）和竖式加法都密切相关；而且，如果涉及守恒问题，它还与"归组数守恒"相关，也就是说：当我们把"10支画笔"归为"1组"时，它表示'1个10'，而这"1个10"与开始的"10个1"是一样的，保持数量上的"守恒"。

由于儿童在2岁左右刚刚学会说话的时候，就已经开始了鹦鹉学舌般的"计数"了，所以，十进制作为代数史上最伟大的发明创造之一，却被儿童在无意识中就"学会了"如何"使用"。不过，这并不代表儿童早就“学会了”十进制。事实上，学龄前儿童在计数时所使用的“十进制”只是一个“日常概念”，知其然而不能知其所以然，也就是说，只是会用，但是并不知道为什么可以这样用。进入学龄期，十进制将要作为一个“科学概念”，需要进行精确的学习，儿童已经形成的日常概念，正好为科学概念的学习，奠定一个浪漫的认知基础。

这种情况，提示我们在教学中应该注意以下两点：

第一，引导儿童运用自己已有的日常概念尝试解决问题，并进而产生“认知冲突”。正如我们在上面的游戏过程中所看到的：小瀚不仅早就能够“数到 11”（简单机械计数），而且早就知道“5+6=11”，但是，他从来没有想过，这里看上去一模一样的“两个 1”会有什么不一样。这就是“认知冲突”！我引导他重新回到他极其熟练的“摆画笔游戏”（或者用小木棍代替），5 支画笔加上 6 支画笔，一支一支数下来，到 10 支的时候，故意停顿，让他思考和体会：“11”是怎么来的？右边的“1”是怎样“变”出来的？左边的“1”本来是什么意思？在这样的认知情景中，他终于明白：数到 10 支画笔时，可以用“10”表示，再添上 1 支画笔，结果就从“10”变成了“11”，所以，他几乎是直接依靠视觉就可以发现：右边的“1”完全是因为最后添上的那支画笔引起的；同时再把“11”表示成“10+1”，对应着将 11 支画笔分成两部分，一部分是 10 支，另一部分是 1 支……整个过程，我只是充当一个引导者和对话者，协助小瀚调动他头脑中已有的观念，尝试解决新问题，在化解认知冲突的过程中，他头脑中原有的观念也得以突破和超越，并最终形成新观念——数字“11”中看似完全一样的两个“1”，其含义却大不相同。

第二，要将位值制、十进制、归组数守恒等观念视作一个整体，引导儿童进行整体理解。这个时期的学龄儿童，基本都知道“6+8”的结果是“14”，他们不仅会用“文字语言”表达，而且会用准确的数学符号“14”来表达。但是，他并不明白为何一定要写成“14”而不是“41”，他不明白“14”中的“1”与“1，2，3”中的“1”有何区别，他也不明白“5+6=11”中的两个“1”有何不同……这个时候，木棍游戏就显得尤为重要，不要以为儿童早就会计算“6+8=14”了，再玩儿

小木棍游戏就太小儿科了，其实，儿童还远远没有理解进位加法的本质，而要想帮助儿童突破这个难关，单纯依靠“讲解”和“重复操练”不仅是低效的，而且遗患无穷。成人最明智的做法就是陪儿童做游戏，一遍又一遍，不要担心重复，对于儿童来说，重复性的游戏并不枯燥，只有那些外在强加的任务才是枯燥的，哪怕只有一遍！例如：在儿童初步领会了“位值制”之后，就可以带着儿童制作两个小盒子，用标签贴将左边的小盒子标记为“十”，右边的小盒子标记为“一”。假设我们手头正好有13根小木棍，就可以引导儿童将10根木棍捆在一起，放在标记有“十”的小盒子里，剩下的3根放入标记有“一”的小盒子里。如果将木棍换成23根，就会有两个“十”，但是，这个放在左边的“2”显然跟通常意义上的“2”是不同的，前者表示两个“十”，而后者仅表示两个“一”。然后，再配合如下游戏，将“23”写成：2个“十”+3个“一”，或者2（10）+3（1），或者20+3，最后再表示为：23。这些活动对于儿童理解位值制是非常重要的。如果儿童不理解位值概念，就直接教授纯粹符号化的进位加减法，是不可思议的！

当然，一般人所说的“进位加法”实际上等同于“竖式加法”，这种观念，是中国小学算术教育令人忧虑的缩影。竖式加法，侧重于算之“术”，是一种非常机械的、不能出现丝毫漏洞与错误的操作，所以，一旦过早进入，势必会把儿童导向机械学习的泥沼之中。在学习竖式加法之前，应该帮助儿童积极寻找和建立数字与数字、数字与运算、运算与运算之间的关系，形成丰富的数感，让竖式计算成为一件水到渠成的“小事”，而不是教学与学习的“绝对核心”。

数感的建立与简便运算关系密切。不过，传统教学对简便运算存在着严重的误解，认为它虽然简便，但是却过于灵活，不利于以最直截了当的途径，迅速获得最标准的答案。其实，简便运算的核心，并不是“术与技”的简便，而是将关注数与数、数与运算、运算与运算之间的关系——数感与算理，摆在了头等重要的位置，这才是算术教学的真正核心。儿童学习算术的目的，也正是为了获得丰富且灵活的数感、清晰且深刻的算理，偏离了这个核心，算术教育不仅无益，而且有害！

例如：17+25=？

除了带有操作性质的木棍算法和简易算盘算法，儿童还能发现各种各样的简便解法：

17+25=（17+20）+5=37+5=（37+3）+2=42

17+25=（17+3）+20+2=20+20+2=40+2=42

17+25=（25+5）+12=30+12=42

17+25=（10+20）+（7+5）=（7+5）+（10+20）=42

17+25=（15+2）+（15+10）=30+12=42

17+25=20–3+25=45–3=42

17+25=17+30–5=47–5=42

17+25=20–3+30–5=50–8=42

……

在这样的学习过程中，每一个儿童都能够成为积极主动的创造者和发明者！儿童之所以能有如此表现，是因为儿童拥有了自由：他们不是被老师或者教材强行灌输运算法则，并且严格按照法则进行机械模仿，而是基于他们头脑中已有的“凑十”观念，自由地解决新问题。而且，儿童虽然还没有正式学习加法交换律和结合律，但是他们已经可以正确地运用了，对于儿童这种无意识的提前操作行为，老师不仅不应该干涉，而且应该积极地加以引导和提倡。

除了以上提到的各种方法，我们还可以同时引入数据线算法，如在学习“25+7=？”“56+28=？”“42+30=？”的时候，我们可以像图4–7这样引导儿童进行学习。

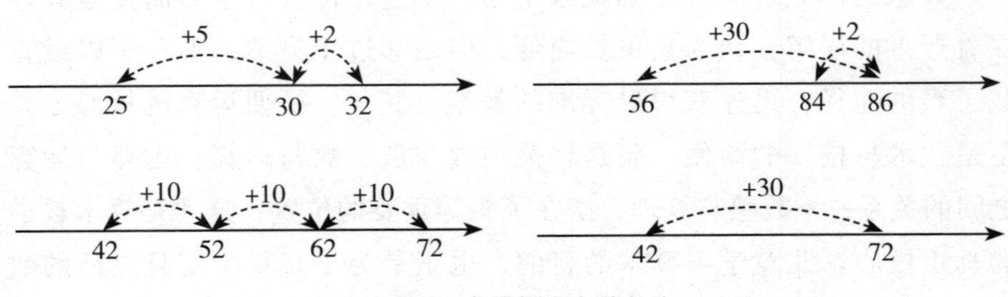

图 4–7　在数据线上做加法

在算术学习的早期，及时引入数轴（早期也可称之为“数据线”，儿童在学习序数概念时就有涉及），协助儿童学习加法运算，是非常明智的教学策略。这种做法的好处有三：

第一，前文已经提到，儿童在正式学习第一种算术运算——加法——的时候，就对自己内在认知结构中的序结构、类结构和数观念进行了反省抽象，从而形成了将算术加法纳入其中的新结构。利用数轴学习加法，可以有效地强化和稳固这种新结构。

第二，数形结合，作为一种重要的数学思想方法，不是在初中或者高中毕业考试之前突然涌现的，而应该有其自然的发生发展的历程。利用数轴学习算术加法，正是数形结合思想在数学意义上的发生学的源头。

第三，利用数轴学习算术加法，关注的核心仍然是数感和算理。

在结合以上各种方法展开充分的讨论之后，我们还可以鼓励儿童创作“放射图”，例如：根据“4+3=7”，你能想到哪些运算？儿童能够创造出如图 4-8 所示的“放射图”（或“数字树”）。

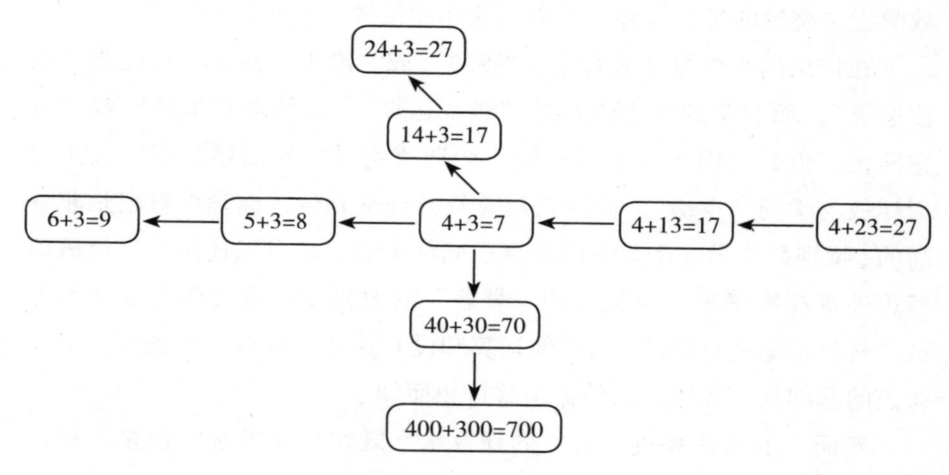

图 4-8 在 4+3=7 的基础上建立起来的放射图（1）

学习减法之后，儿童画出的放射图会更加丰富（图 4-9）：

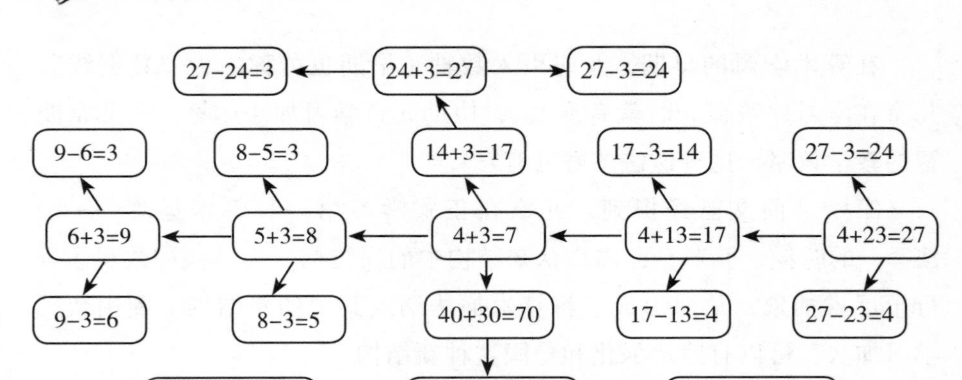

图 4-9 在 4+3=7 的基础上建立起来的放射图（2）

以上学习过程，虽然没有促成儿童算术加法结构的质的飞跃，但是，它可以有效地帮助儿童建构生成算术加法结构。

游戏 9 竖式加法

竖式加法，不太适合以游戏的方式呈现，但是，它又是一个小学数学无法绕过的焦点内容，所以，我在此仅做一个简要的分析。

在传统的小学数学教育中，“凑整”或“凑十”往往被称之为“简便运算”，而教学的重心永远是“竖式运算”。简便运算虽然谁都知道它简便，但是，因为它灵活性强、初期使用时容易出错，所以只是被当作教与学的“点缀”。而竖式运算只要训练到位，准确性肯定是非常高的，特别是如果一个儿童的运算准确性不高，他可以通过反复机械训练迅速提高准确率，而且这种“显著”的效果可以通过作业或卷面考试“科学”地进行检测；而简便运算却没有这样的特点，在被实用主义操控的基础教育领域，它的命运就可想而知了。

然而，虽然计算机（器）的计算水平既快捷又准确，但是，谁也不希望自己的孩子将来成长为一台机器！竖式运算中的对位、进位、退位等运算规则，对于儿童来说是纯粹外在的“他律”（别人规定的律条），这些规则，几乎不能与儿童内在的认知结构发生关联，所以，在初期的竖式运算操练中，儿童自己的内在思维活动几乎无法启动。如此一来，竖式学习几乎就变成了训练小白鼠式的纯粹刺激与反应——作

为认知主体的儿童，几乎消失了！在这里，我们不仅可以找到孩子厌学的根源，而且可以找到从我国基础教育里走出来的年轻人身上的极其反常的“匠器味儿”的根源。

根据儿童认知发展的特点，我的建议是：第一，高度重视“简便运算”。第二，以符合儿童认知特点的方式学习竖式运算，也就是强化通过木棍算法、简易算盘（数珠计数器）算法、文字描述操作程序等手段，揭示竖式运算的过程，淡化竖式运算的结果。

在传统教学中，儿童在学习一位数加法（从“0+0”到“9+9”）之后，就开始学习两位数（或以上）的竖式加法了。一旦我们将“简便运算”视为核心和焦点，竖式加法反而变得容易了。这是因为，第一，我们已经从观念上意识到，竖式加法的高度精确性其实只是机械操练的结果，所谓的精确计算完全可以由计算机（器）代劳；观念一旦转变，以放松的心态面对竖式加法的学习，难易程度会发生某种微妙的变化。第二，当儿童的内在认知结构发展到更加形式化的水平之后，他们的反省抽象能力也会得到相应的提高，初学竖式加减法时，碰到的纯粹外在的各种要求和规则，他们可以通过内在的反省意识，自觉地加以修正和调整，从而大大提高了运算的准确性。第三，通过“简便运算”所收获的数感和算理，不仅可以促进儿童对竖式运算之算理的理解，而且可以有效地提高运算的准确性。

也就是说，竖式运算虽然无比枯燥和机械（在当前的语境中），我们却也不必冒天下之大不韪而直接像对待毒瘤一样彻底“切除”它。因为，我们仍然可以以符合儿童认知发展规律的方式进行学习，具体学习程序如下：第一步，木棍算法（如果儿童早已熟悉“木棍算法”，也可以略过此步骤）。第二步，简易算盘（算珠计数器）算法。儿童可以在拨动算珠的过程中，形成清晰而准确的“动作逻辑”。第三步，文字竖式。这个步骤的目的是引导儿童将前一步的“动作逻辑”转化为清晰的“文字表达”，促使动作逻辑“内化”，并形成内在的符号思维逻辑。第四步，数字竖式。如果第三步是文字符号表达，这一步就是数字符号表达，而且这一步绝对不是核心和焦点，只不过是儿童经历了前面观念建构过程之后的水到渠成的结果。以上四个步骤，看似每一步都可以直接得到计算结果，但是，它们并不是四个独立的计算方法，而是一个完整的由具体到抽象、由外在动作逐步内化为内部思维运算的心理建构活动。

例如：23+36=？儿童首先通过操作木棍，得出：2“捆”3“根”加上3“捆”6“根”等于5“捆”9“根”等于59；然后，通过在算珠计数器上拨动算珠，得出计算结果；随后，将上一步的“动作”用文字描述如下：2个“十”3个“一”加上3个“十”6个“一”等于5个“十”9个“一”。

再用数字竖式表示如下：

$$\begin{array}{r} 23 \\ +\ 36 \\ \hline 59 \end{array}$$

这样的竖式运算，也许仍然是机械的，但却是以儿童可以理解的方式展开的，再加上通过大量简便运算的学习所积累起来的数感和算理，儿童并不会感到过于困难。在此基础上，再引导儿童开始进位加法的学习，如24+58=？就可以这么算：

2个“十”4个“一”

+5个“十”8个“一”

=7个“十”+12个“一”

=7个“十”+（1个“十”+2个“一”）

=（7个“十”+1个“十”）+2个“一”

=8个“十”+ 2个“一”

=82

从具体的学习程序讲，即便儿童已经在简便运算上花费了很多时间和精力，但是，在开始竖式运算时，仍然要以简便运算为核心。竖式运算在小学阶段，只能以与简便运算相互验证的方式，进入正式的教学程序（老师要时刻警惕某种惯性思维——过分强调竖式运算的可操作性和准确性），也就是说，在学习“24+58=？”时，首先仍然是让儿童去自由地“发明和创造”（简便运算），然后，老师以“可以验证简便方法的准确性”为由，引出竖式运算。

竖式运算的机械性、准确性和可重复性，都是“机器”的优点，人是创造这些程序的“主人”，而不是重复执行这些程序的“奴隶”。在日常作业和练习中，关注的焦点仍然是“创造和发明”灵活多样的简便运算，而不是机械的“准确性”。在必要的单元和期末测试中，“5分的试题”应该是鼓励儿童“发明”五种不同的运算方法，而不是鼓励儿童用机械的竖式计算，得到唯一的标准答案。儿童的生命是活泼泼的，充满了无限的可能性，唯一性的路径和结果，是对儿童灵性的无情扼杀！

第三节 6—12岁的儿童怎样学习乘法与除法

游戏10 倍数与乘法

游戏材料：花瓶（照片）、花朵（照片）若干，围棋子等。

游戏目的：协助儿童建构生成乘法观念。

游戏参与者：7岁左右的儿童。

游戏步骤：

1. 用PPT出示10个花瓶。

2. 给每一个花瓶配上一朵玫瑰花，询问儿童：不通过计数能否知道玫瑰花的数目，花朵数与花瓶数之间是什么关系呢？

3. 如果再给每个花瓶增加1朵玫瑰花，那么花朵与花瓶的数量是何关系呢？

4. 依次继续给每个花瓶增加花朵，直到每个花瓶中有6朵玫瑰花为止，每增加一次，都询问同样的问题：花朵与花瓶的数量是何关系？

分析：一开始，儿童知道花朵与花瓶是一样多的，随后，花朵的数量依次变为花瓶数量的“两倍”“三倍”“四倍”“五倍”“六倍”，多数儿童在日常生活中已经遇到过这种数量关系，不过，他们往往只是在无意识地“使用”这种关系，而在上述游戏活动中，儿童首次开始关注和聚焦这种“新型数量关系”，进而产生对其“命名”的愿望，从而使得“倍数”呼之欲出。

当师生一起把这种“新型数量关系”命名为“倍数”之后，再重新回到开始的游戏情景中，进一步理解：10 的 1 倍是 10，10 的 2 倍是 20，10 的 3 倍是 30，10 的 4 倍是 40……然后，老师再引导儿童只聚焦两个花瓶与对应的花朵的变化，儿童就会发现：2 的 1 倍是 2，2 的 2 倍是 4，2 的 3 倍是 6，2 的 4 倍是 8……然后再聚焦三个花瓶与对应花朵的变化……最后再神秘地对儿童说：“大家知道吗，倍数关系啊，其实也是一种重要的运算，大家知道它是哪种运算吗？”哇，原来就是“乘法”啊！

那么，我们该如何看待加法与乘法的关系呢？从前面学习过的加法运算直接得到乘法运算，这种教学设计好不好呢？我认为不够好。因为乘法不是加法的推广或简便运算，而是对一种“倍数”关系的“重新命名”，这种“命名”活动是具体的、情境化的，对于儿童而言，是创造性的，充满了神秘性和惊异感。而从加法“推广”到乘法，强调的是一种运算与运算之间的“逻辑关系”，成人更看重“逻辑”，而儿童更喜欢“意义”——好玩、有趣、神秘、惊奇……

不过，对“命名”的重视，并不意味着忽视乘法与加法之间的内在关系，只不过“命名”应该在先，关注两种算术运算之间的“逻辑关系”应该在后。在通过“花瓶与花”的游戏命名乘法之后，可以再引导儿童玩一个算珠（或棋子）游戏：摆出 6 行算珠，每一行 4 个，问儿童，两行一共有多少个算珠？怎样用乘法算式表示？ 3 行呢？ 4 行呢？ 5 行呢……为什么？通过这种活动，儿童可以初步建立“加法”与“倍数”（即乘法）之间的关系，他们在有意识的思维活动中，聚焦于“倍数”和“乘法”，但是，一旦他们想要知道乘法的结果时，他们又会在无意识中使用加法。例如，3 行算珠，每行 4 颗，儿童首先聚焦“4 × 3”或“3 × 4”，然后，他们自然会渴望迅速得到结果，于是就会在无意识中运用“4+4+4=12”，当然，这一切都是瞬间发生的事情。这

种做法的好处是，儿童可以在有意识的思维活动中，迅速建立“4×3”与“12”之间的“直接关系”，这也正是学习乘法的目的。也就是说，“加法”（4+4+4=12）可以有助于儿童理解“乘法”（4×3），但是最终，儿童并不需要每次都必须“绕道加法”再抵达“乘法”。作为一种新的、更加形式化的运算（相对于加法而言），儿童需要更加“直接”地领会它。

在此基础上，我们当然可以通过文字语言与数学符号语言之间的双向互化，以增强两种运算之间的关系。例如，让儿童描述5×3的含义：5的3倍，或者3的5倍，或者5个3相加（3+3+3+3+3），或者3个5相加（5+5+5）。反过来，也可以让两个儿童配对玩游戏，一个说“5的3倍”，另一个说“5×3”；一个说“3+3+3+3+3”，另一个说“5×3”，或者“4×3+3”，或者“3×3+3+3=3×3+2×3”，或者“2×3+3+3+3=2×3+3×3”，或者“1×3+4×3”，或者“6×3−3”，或者“7×3−3−3=7×3−2×3”，等等。这样的游戏具有一定的挑战性，儿童通常会乐此不疲，聪明的老师一定会引导儿童玩得开心、玩得尽兴，因为这样的游戏不仅仅是引导儿童关注乘法和加法的关系，更是培养儿童数感的绝佳机会。

游戏11 乘法与乘法表

游戏材料：小鼓，粉笔，画笔，纸张等。

游戏步骤：

1. 排队游戏。
2. 在操场上跳格子。
3. 敲击鼓面形成节奏。
4. 在数据线（纸）上跳格子。
5. 画圆圈，并制作对应的乘法口诀。

游戏参与者：7岁左右的儿童（二年级上）。

游戏目的：协助儿童建构乘法观念。

这个游戏最好能以班级或小组的形式进行，所以，我在此只是大致介绍一下游戏思路和背后渗透的基本原理。

不同的文化背景，对“九九乘法表”的重视程度，简直是天壤之别。欧美一些发达国家，仅仅将其视为可供儿童临时查询的工具，类似一本早期“算术字典”；而在我国的传统数学教育中，九九乘法表是人人脑海中必备的“算术宝典”，乘法学习几乎就是伴随着背诵、记忆九九乘法表而展开的。有些性急的父母，甚至在学前儿童还不明白“数为何物”的时候，就已经逼迫儿童对九九乘法表倒背如流了，这种扭曲的做法，类似于数学教育领域中的“读经运动”！

类似下面这样的教学设计，应该是非常普遍的：设计一个排列算珠的游戏情景，联系加法运算，引导儿童得出：1×4=4，2×4=8，3×4=12，4×4=16，5×4=20……然后就迫不及待地进入九九表的背诵和记忆。这种设计隐含着如下逻辑：第一，儿童的大脑只是一个等待灌输的空罐子，乘法与九九乘法表是客观真理，父母和老师的任务，就是将“真理”倒进“空罐子”；第二，如果这样的“倾倒”一次不成功，那就两次、三次、四次……直至成功为止，成人的职责就是重复性地“倾倒”；第三，儿童的学习就是“无条件”地接受这种“灌输”，等价于机械的死记硬背；第四，如果儿童胆敢“反抗”这种仅把自己当作容器的灌输行为，就将面临抄写、无休无止地强行记忆等更加强烈的“刺激”，直至就范为止！这种教育模式，可谓流毒至深，至今阴魂不散！

其实，我们完全可以这样做，以“2 的乘法口诀”为例：

第一步，排队游戏。小朋友们两人一组，手牵手排队，每一行两名同学，一共排 9 行。（1）以“行”为整体（两名儿童构成一个整体）进行第一次报数：我们是 2，我们是 2……（2）第二次报数时依次形成包含关系，第一次只有第一行报数：一个 2；第二次是前两行一起报数：两个 2；第三次是前三行一起报数：三个 2……（3）集体喊号子：一个 2 是 2，两个 2 是 4，三个 2 是 6……

第二步，在空场地上画一条长线，然后用粉笔标上数据：0、2、4、6、8……制作一条数据线，带着儿童进行实地跳格子游戏。（1）一边跳格子，一边喊号子：一个 2，二个 2，三个 2，四个 2……（2）一边跳格子，一边喊号子：一二得二，二二得四，三二得六，四二得八……

第三步，用鼓点、敲桌面、踏步等方式玩节奏游戏。（1）一边在

鼓面上敲出节奏，一边喊号子：一个2，二个2，三个2，四个2……（2）一边在鼓面上敲出节奏，一边喊号子：一二得二，二二得四，三二得六，四二得八……

第四步，儿童自己在数轴（画在纸上的数据线）上“跳格子”。（1）一边跳格子，一边默诵：一个2，二个2，三个2，四个2……（2）一边跳格子，一边默诵：一二得二，二二得四，三二得六，四二得八……

第五步，在纸上进行画圈游戏，两个圆圈一行，在旁边对应的位置写出2的乘法口诀；通过类似的游戏活动，引导儿童学习3—9的乘法口诀。

在一个单元结束时，可以围绕2×2，3×3，4×4，5×5……制作如图4-10所示的数字树，可以通过色彩和线条强化数字树的艺术性，并用它们装饰教室。

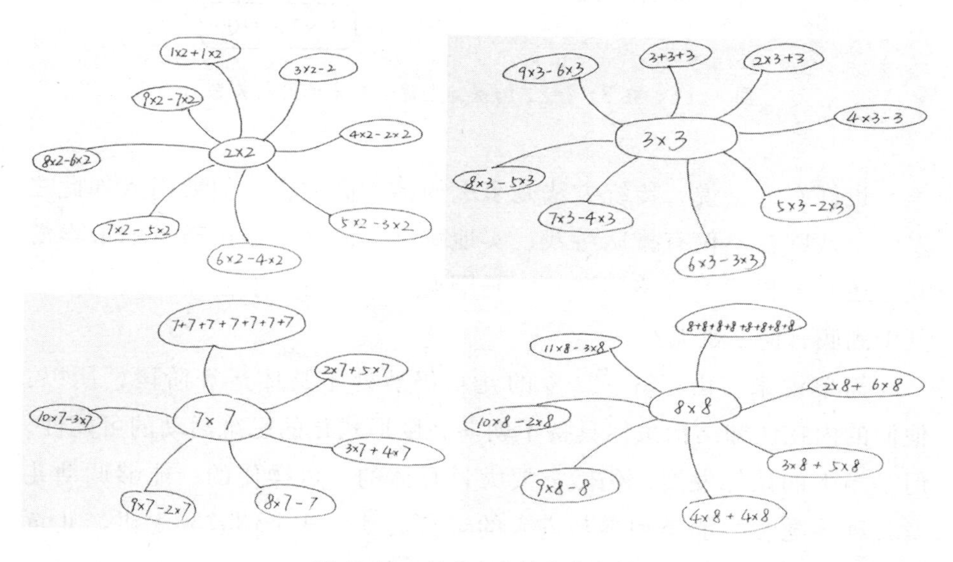

图4-10 与乘法有关的数字树

在传统的小学数学教育中，对乘法九九表的过度重视，也许是我国基础数学教育最大的败笔！因为，儿童通过反复机械记忆，最终得到的仅仅是一堆碎片化的乘法“事实”——九九表，而不是“乘法”！所以，我建议小学数学教育，最好“放弃”九九乘法表，而选择一种发生学的教学策略：先通过形式多样的游戏活动，调动儿童的多项智能参与乘法观念的建构，引导儿童获得较少的乘法事实，在此基础上，再引导儿童推断出相关的乘法事实。例如，当儿童通过游戏活动理解了“3的乘法口诀”之后，可以引导学生创建如图4-11所示的“网状关系图”（仅以“3 × 7=21”为例）：

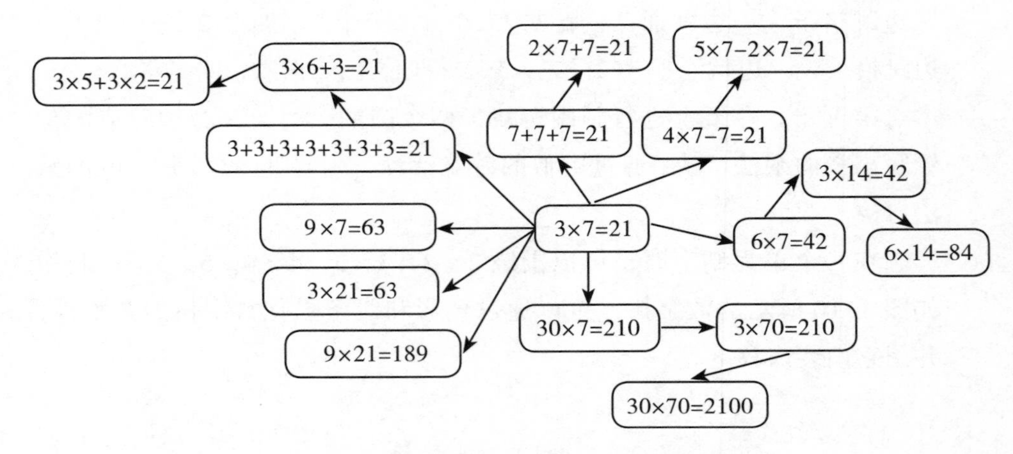

图4-11 在3×7=21的基础上建立起来的网状关系

也许有人会说，传统方法是多么简洁、高效，为何要引入如此之多的游戏呢？不仅有排队游戏、实地跳格子游戏、敲击鼓点的节奏游戏，还有数据线上跳格子游戏、画圈游戏，等等，有这个必要吗？这其中到底有何玄机呢？

简单说来，由于6—12岁的儿童仍然处于具体运算阶段，所以，他们的内在认知结构虽然具备了朝向高度形式化的思维活动的可能性，但是当下的认知发展，仍然需要大量具体的、可操作的、能够调动儿童各种感觉和智能类型参与进来的丰富活动。从个体差异上讲，儿童的先天禀赋也是不同的，有些儿童适合安静地思考和学习；有些儿童一旦沉浸在音乐节奏中，生命就会更舒展，认知活动也会更自由、更高效；还有一些儿童更擅长在操作活动中或者身体游戏活动中感知事物、发展认知能力。

总之，多样化的游戏活动不仅能够照顾到生命气质倾向不同的儿童，而且能够有效调动同一儿童的多元智能，而不仅仅是数理逻辑智

能的参与。在这些丰富多彩的活动中，乘法不再是大量重复的、机械枯燥的苦差事，而是有趣、好玩、其乐无穷的美事儿。我们需要谨记：对于低龄儿童来说，任何有意义的算术学习，都绝不是货栈堆积式的，绝不是机械事实的简单叠加，而是通过各种有意义的游戏活动，建立数字与数字、数字与运算、运算与运算之间的关系，这种关系就是数感，一旦形成良好的数感，乘法表早晚会成为儿童默会的事实。同样是把"九九表"作为一种观念纳入儿童内在认知结构之中，但是途径却有着根本性的不同，对儿童创造性的培养，也是不可同日而语的。

游戏12 除法

游戏材料：围棋

游戏步骤：

1. 在棋子游戏中，理解"平均分配"，并进而命名"除法"。

2. 建立除法与其他算术运算之间的关系。

游戏目的：协助儿童建构生成除法观念。

游戏参与者：小红［7岁5个月，已经在公立学校正常学习了"表内除法（一）"］。

游戏过程：

老师："现在有24颗棋子，如果想要平均分给两个小朋友，每个小朋友可以分到几颗棋子呢？"

小红自然地将棋子"一分为二"，接着数一下，发现一堆儿只有10颗，没数第二堆儿，而是直接从第二堆儿里移过来2颗，然后说："每人可以分得12颗。"

老师："为什么呢？"

小红："因为要'平均分配'，也就是'一样多'，而12+12=24啊。"

老师："能用乘法解释一下吗？"

小红："可以啊，其实就是12×2=24。"

老师："如果想把这24颗棋子平均分给3个小朋友，每人可以分得几颗呢？"

小红："应该是8颗。"

老师："为什么？"

小红："因为我知道 3×8=24。"

老师："如果想把 24 颗棋子平均分给 4 个小朋友呢？"

小红："很简单，每人 6 颗，因为 4×6=24。"

老师："你还可以把这 24 颗棋子平均分给更多的小朋友吗？"

小红稍微思考了一下说："可以，可以平均分给 6 个小朋友，每人 4 颗；也可以平均分给 8 个小朋友，每人 3 颗；还可以平均分给 12 个小朋友，每人 2 颗；对了，如果平均分给 24 个小朋友，每人就只能得到 1 颗啦。"

老师："真棒！这个游戏看上去好像比较复杂，不过，如果请你给这个游戏取个名字，你认为叫什么名字比较合适呢？"

小红："叫'分配棋子'，不对，应该叫'平均分配棋子'，对，这个名字更准确一些！"

老师："如果我们把棋子换成石子，游戏还可以玩儿吗？"

小红："可以啊。"

老师："如果把棋子换成苹果呢？或者换成饼干呢？或者换成故事书呢？……"

小红："我知道了，其实换成什么东西都可以的，那就叫作'平均分配'游戏吧。"

老师："这个名字比较好！你知道吗，'平均分配'游戏其实是一种数学运算，你知道这个运算的名字吗？"

小红："我知道，肯定是除法！我知道的运算有加法、减法、乘法和除法，而前面三种运算都已经学过了，所以，'平均分配'肯定是除法，叫'除法'最合适的！"

老师："是的，叫'除法'的确更合适一些，因为'平均分配'中的'分'其实就有'拿走'的意思，而'拿走'也有'除去''去掉'的意思……你看，感觉不把'平均分配'叫作'除法'都有些不好意思啦！"

小红："是啊，还真是这么回事儿！"

老师："那么，你能把上面的游戏过程都用除法算式表示出来吗？"

小红："可以啊，24 颗棋子平均分给 2 个人，就是 $24 \div 2=12$；平均分给 3 个人就是 $24 \div 3=8$；平均分给 4 个人，就是 $24 \div 4=6$；平均分给 6 个人，就是 $24 \div 6=4$；平均分给 8 个人，就是 $24 \div 8=3$；平均分给 12 人，就是 $24 \div 12=2$；对了，也可以平均分给 24 个人，就是 $24 \div 24=1$。"

老师："上面的每一个算式都跟乘法有关系吗？"

小红："当然有关系！$24 \div 2=12$ 与 $2 \times 12=24$ 对应，$24 \div 3=8$ 与 $3 \times 8=24$ 对应，$24 \div 4=6$ 与 $4 \times 6=24$ 对应，$24 \div 6=4$ 与 $6 \times 4=24$ 对应，$24 \div 8=3$ 与 $8 \times 3=24$ 对应，$24 \div 12=2$ 与 $12 \times 2=24$ 对应，$24 \div 24=1$ 与 $1 \times 24=24$ 对应。"

老师："好像显得有点儿重复啊！"

小红："是的，要是只看算式的话，由 $2 \times 12=24$ 就可以直接得到两个除法算式了，即 $24 \div 2=12$ 与 $24 \div 12=2$；由 $3 \times 8=24$ 也可以同时得到 $24 \div 3=8$ 与 $24 \div 8=3$，由 $4 \times 6=24$ 可以同时得到 $24 \div 6=4$ 与 $24 \div 4=6$，由 $1 \times 24=24$ 可以同时得到 $24 \div 24=1$ 以及 $24 \div 1=24$，不过，这个算式是啥意思呢？"

老师："嗯，是挺奇怪的！前面都是在讲'平均分配'，这个算式表示的是怎样分配的呢？"

小红："它应该是将 24 颗棋子直接给了一个人，好像没有涉及'平均分配'，'平均分配'无论如何都应该是分给两个人吧？"

老师："是的，在实际生活中，'平均分配'的确都至少涉及两个人，这个算式对应的是一种特例，属于极端情况。"

小红："哦，我明白了。"

老师："上面所有的除法算式跟加法有关系吗？"

小红："应该有，因为它们跟乘法有关系，而乘法总是跟加法有关系的。"

老师："你能以 $24 \div 3=8$ 为例加以说明吗？"

小红："它表示的意思是'把 24 颗棋子平均分给 3 个人，每人得到 8 颗'，如果跟加法对应就是：$8+8+8=24$，3 个'8'对应着 3 个人，一共是 24 颗棋子。"

老师：“很好！同样是这个除法算式，它能跟减法对应吗？”

小红：“哦，这个问题很简单，先从24颗棋子里拿出8颗给一个人，剩下16，即24−8=16；再从16颗棋子里拿出8颗给第二个人，还剩下8颗，即16−8=8；最后把剩下的8颗直给第三个人就好了，也就是8−8=0。”

老师：“能把几个减法算式合在一起吗？”

小红：“可以啊，24−8−8−8=0就好啦。”

老师：“你能利用这些算式之间的关系制作一棵‘数字树’吗？”

小红：“没听说过‘数字树’，不过可以试试看。”

然后，在我适当的帮助下，小红制作了如图4−12所示的“数字树”。

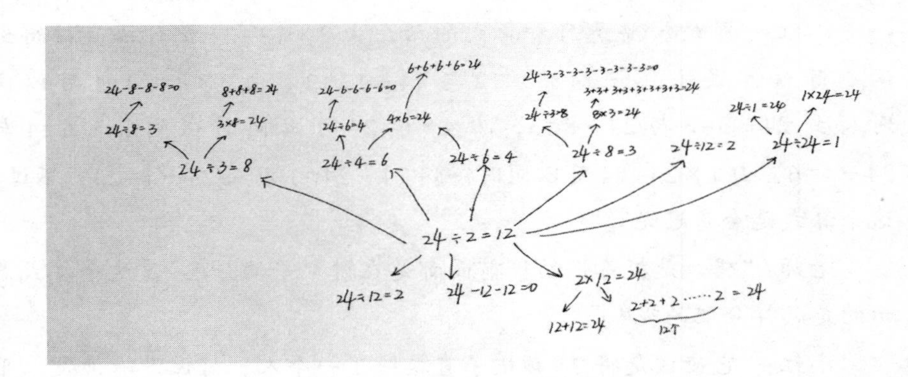

图4−12　与除法有关的数字树

分析：我跟小红进行分配棋子的游戏时，她已经在学校正式学习了“表内除法（一）”，也就是根据1—6的乘法口诀，进行相关的除法运算。举例来说：要计算24 ÷ 4=？就必须从脑海里的“记忆库”中提取出“4 × 6=24”的乘法口诀了，一旦儿童把这个“神圣”的口诀忘掉了，他也就无法进行除法运算了！每当出现这种情况，教师就要反复叮嘱学生一定要“死死”地记住乘法口诀！一旦教师要求儿童通过死记硬背的方式学习乘法，他必然会以同样的方式继续要求儿童学习除法。

我们努力地把第一层楼房建立在流沙之上，然后，不得不以更加努力的方式将第二层楼房建立在第一层之上，然后是第三层、第四

层……直至最终整个大厦毁于一旦！好在教育的周期很长，而且每个人都是造成致命结局的“合力的一部分”，所以，到底谁该追谁的“责”呢？一本乱账而已！幸运的是，小红年龄尚小，且天资极佳，她很快就进入有趣的对话情境之中，在构建“平均分配”与“除法”，除法与乘法、加法、减法的关系中，自由驰骋、游刃有余！

另外，制作数字树并非是可有可无的环节，它的核心是，培养儿童的数感，而且必须落实到日常教学的过程、细节之中，绝不是在“需要”的时候喊一喊口号而已。通常，数感被理解为“关于数的感觉”，这种说法显然过于泛泛了，其丰富且深邃的内涵，完全可以以单独的章节进行系统的阐释说明，但是至少，我们也应该将其理解为：对于数字（当然也包括“式”）、数字与数字、数字与运算、运算与运算之间的关系的建构，以及在建构关系的过程中，所形成的一种独特的感觉（其实是一种独特的思维品质和思维风格）。如果把儿童通过数观念、加减乘除运算观念建构的“对象”称之为头脑中内在的“认知结构”，那么，“数感”就是这个“认知结构”的“力量”，“力量”越强大，作为思维工具的认知结构显然也就越强大。当然，这种关系的描述只是一种逻辑化的表达，而不是一种时间性的先后顺序，事实上，儿童的数感（小学期间）总是儿童在建构生成算术运算结构的过程中同步生成的。

第四节 6—12岁的儿童怎样学习四则混合运算

游戏13 让算式活起来

游戏材料：图片若干。

游戏步骤：

1. 出示真实问题情景，引导儿童解决实际问题。

2. 出示算式，引导儿童通过创作小故事的方式，让冷冰冰的算式“活”起来。

游戏目的：让儿童感受到原本机械的算式运算也可以灵活有趣。

游戏参与者：小明（7 岁半），二年级（上）。

游戏过程：

老师出示图片（如下图）并问：“你从这张图片中看到了哪些信息？”

小明：“在跷跷板乐园里，一共有 3 个跷跷板，每个跷跷板上有 4 人，现在又来了 7 个小朋友。”

老师：“根据这些信息，你能提出一个问题吗？”

小明：“图里一共有多少人？”

老师：“问题提得好！你会解决这个问题吗？”

小明：“能，先算 3×4=12 人，再用 12+7=19 人。”

老师：“你能列出一个算式表示这个运算过程吗？”

小明：“可以，3×4+7=19 人。”

老师：“哦，你在这个算式里用到了加号，我们知道，加号的意思是把两个集合‘合并’起来（用每天上午课间操时，全体学生都需要迅速到操场‘集合’，简要解释了一下集合的含义，小明表示完全能够理解），那么在这里，你想把哪两个集合合并起来呢？”（边说边在草稿纸上画了两个圆形框，并标上数字符号①②）

小明："①号集合表示正在玩跷跷板的小朋友，②号集合表示正在向乐园跑过来的小朋友，把这两个集合合并起来，就是小朋友的总人数。"

老师："说得真清楚，你能重新描述一下你的运算程序吗？"

小明："先计算 3×4，得到①号集合，也就是正在玩跷跷板的儿童人数，然后再加上②号集合，也就是正在跑过来的人数，就得到了总人数。"

老师："很好！不过，你还能找到别的计算方法吗？"

小明稍加思考之后说："也可以这样，7+3×4=7+12=19。"

老师："为什么呢？"

小明："这仍然是把两个集合合并起来，只是调换了一下顺序，但并不影响最后的结果。"

老师："的确如此啊，这样调换顺序是不会影响最后结果的。但是，是不是我们任意调换计算顺序，都不影响最后的结果呢？"

（小明一时回答不上来，也许不明白我的意思……）

老师："现在老师给出一个计算过程，你看看对不对？ 3×4+7=3×11=33。"

小明："我知道，你先计算了'4+7'，肯定不对！"

老师："为什么不对呢？"

小明："因为本来是要把两个集合合并起来，但是，它是把第一个集合中'一部分'与第二个集合合并了，这完全不符合题目的意思了！"

老师："对的，这种程序肯定是不对的。因为它不符合题目的本意了，当然，从算式本身上讲，它也不符合加法的本意了。好了，你再看看下面这个计算过程对吗？ 3×4+7=7+3×4=10×4=40。"

小明："第一步调换是没有问题的，但是后面就错啦，原因跟刚才是一样的。再说，这个计算过程一看就是错的，因为它的结果等于40，但是，公园里根本就没有这么多人。"

老师："哦，你是用'结果'反过来进行验证的，也很好啊。现在，你能为算式 12+4×9−8 创作一个故事并计算出结果吗？"

小明脱口而出："现有4个盒子，每个盒子装有9个球，一共是36个球。"

老师："哦，是吗？"

小明："我没说完呢，应该是：班里原来只有 12 本书，今天老师又买来了 4 包书，每包是 9 本，但是旁边的班级借走了 8 本，问现在班里一共有多少本书？"（居然把"球"变成了"书"！）

老师："这里涉及几个集合？"

小明："应该是 3 个吧，原有的书是①号集合，新买来的书是②号集合，被借走的书是③号集合。"

老师："应该怎样计算呢？"

小明："感觉方法比较多吧，比如：先计算②号集合有书 36 本，然后把①号集合和②号集合合并起来就是 48 本，再从中拿走 8 本，就还剩下 40 本。"

老师："还有吗？"

小明："还有啊，可以先从①号集合中拿走 8 本，剩下 4 本，加上②号集合的 36 本，最后还是 40 本。"

老师："还有吗？"

小明："我想想啊，对了，也可以先从②号集合中拿走 8 本，$36-8=28$，再加上①号集合中的 12 本，共 40 本。"

老师："能直接先计算 $9-8$ 吗？"

小明："肯定不能啊！"但突然又恍然大悟似的说："也可以，就是把②号集合先拆分成两部分，因为 $4\times9=3\times9+9$，所以，$12+4\times9-8=12+3\times9+9-8=12+3\times9+1=12+27+1=39+1=40$，哈哈，其实，怎么计算都是可以的！"

老师："你太棒啦！"

分析：一方面，通过引导儿童创作小故事，那些等待着儿童给出结果的"算式"不再机械僵化、面目可憎，而是变得灵动鲜活、有趣好玩。另一方面，在学习混合运算之前，儿童在各种游戏活动中，已经建构生成了加法观念、减法观念、乘法观念和除法观念，这些新近生成的观念，一般会有两种不同的"走向"：一是继续在形式化的逻辑道路上，通过演绎推理论证，不断产生新观念。但是，这种行为往往会导致学习者在逻辑化的道路上越走越远，从而变成脱离实际生活的、

不食人间烟火的“半仙儿”。二是将自己的观念作用于外部世界，不仅可以获得对于外部客观世界更为丰富的解释、理解和更为科学的物理性知识，而且可以从客观世界中汲取营养、受到启发，并推动自己原有的观念朝向更高的层级发展。

在这个游戏中，由于儿童年龄尚小，所以只是鼓励儿童运用自己已有的观念，去唤醒那些冷冰冰的算式，引导儿童在具体鲜活的故事情景中，灵活自如地选择合理的“运算程序”，而不是像传统教学那样，学习四则混合运算，无非就是先熟练背诵“三个法则”（法则一，有小括号的，先计算括号里的；法则二，无括号时，先算乘除，再算加减；法则三，同级运算，谁在前面先算谁），然后让儿童一遍又一遍地重复操练，直到人人一百分。其实，根据小明同学的表现，老师完全可以同步鼓励儿童，运用他们头脑中已有的观念，去尝试解决更加开放和复杂的实际生活问题。

本章最后，我想澄清一个当今数学基础教育界普遍存在的问题：经常会有一些浮皮潦草地知道一点儿有关“儿童中心主义”的教师从一个极端走向另一个极端，深陷“主体性神话”的泥沼而不能自拔。自主学习、小组交流、基于网络环境的自学、把课堂还给学生……诸如此类的“课改神话”可谓风起云涌，虽然很多“传说”早已被拍死在沙滩上，但是，稍加改头换面之后，却又迅速重新粉墨登场！其实，不管是历史，还是当下和未来，没有人会反对“自主学习”的重要性，问题在于，如果缺少认知发展心理学（包括哲学）的视野，自主学习就只不过退化为一种无根的学习策略和方法而已。如果我们只是长久地停留在方法和策略的层面上，做无谓的争论或者令人肉麻的相互吹捧，那么，所有的改革都注定是一场东摇西摆的肥皂剧！

是的，如果我们想要发展儿童，我们就必须深刻地理解儿童生命成长的规律——基于认知发展心理学和哲学的理解，而不仅仅是基于自己“摸爬滚打了三十年”的经验！如果我们试图以数学知识，促进儿童的整体生命获得更好的发展，那么，我们就必须了解儿童在每一个年龄阶段，所创造发明的数学观念是一种怎样的形态，就仿佛是一株植物，从种子到刚刚萌发的两片小嫩芽，再到一株亭亭站立的小树苗，然后鲜花绽放，再然后是粒粒饱满的果实……是的，所有大家耳熟能详的数学观念，比如数、加法、减法、乘法、除法，等等，它们在儿童的脑海中，全都拥有一部活灵活现的生长史！

教育改革必须扎根于由哲学、心理学和教育学共同构成的“源头活水”之中，正如一棵大树，它渴望朝向天空长高一寸，就必得把根朝向大地深扎一尺。

第五章

创造数学，发明数学

第一节 “创造数学，发明数学”的缘起

1、2、3……，点、线、面……，这些都是最基础、最常见的代数符号和几何概念，只要提及数学学习，没人能够绕过它们。但是，除了少数喜欢哲学的数学家之外，几乎没有人会思考：它们来自哪里？它们是由人类的大脑创造出来的呢，还是人类从客观自然世界的某个犄角旮旯里偶然发现的呢？

这件事情关系重大，至今尚难以形成定论。不过，这并不影响人类世世代代去研究数学，学习数学，数学大厦因此而越发气势恢宏，而它本身也作为一种思维习惯和文化气息，渗透到人类生活的每一个角落。老师或父母在批评一个不太善于思考的儿童时，往往会说“知其然，而不知其所以然”，大意是说：面对一个问题，儿童虽然会操作，能够解答出结果，但是他们却并不知道这样做的背后的理由和逻辑。然而，事情的真相却是：不管是儿童，还是普通成人，在一个真实的生活情景中，我们总是先知道“怎么做”，然后才有可能去反思“为什么要这样做”；相反，必须明确“做的理由和逻辑”之后才去做，简直是一种对“理性精神”近乎病态的追求和推崇！

一个儿童总是先学会了加法运算，然后才有可能理解加法算理和运算律。例如，我们会迈开双腿走路，或者会娴熟地使用筷子，但是，我们可能终生都不知道“为什么要这样走（或用）”。如果必须首先弄清楚“走路的道理”之后才能去练习走路，结果势必非常悲催，甚至是残酷，因为我们绝大多数人可能因此而“终生残疾”！

这其实表明：不知道 1、2、3 和点、线、面的“本质”，就开始学习算术和初等几何，不仅不是什么“罪过”，反而是极其合理的认知事实，因为，它至少是高度符合人类自身的认知和生活习惯的。不过，

立于宇宙进化最顶端的人类，不同于万物的地方恰恰在于：一方面，时时刻刻，人类总是生活于习惯之中，并依据习惯做出绝大多数的决断或选择；但是，另一方面，人类也无时无刻不在尝试突破和超越自身已有的习惯，从而试图为自身的存在创造更加美好的未来。

举个简单的例子来说吧，一百年前的人类通过一个十字路口时，习惯于通过目测评估风险的大小，进而选择“通过”或者“等待”，之所以会形成这样的习惯，是因为当时造成“风险”的因素一般都是“低速”和“低密度”的，如偶尔经过的牛车或者马车。而在今天，当一个人要通过繁华的十字路口时，他就需要遵守“新习惯”：红灯停，绿灯行。这是因为，今天造成风险的因素不仅密度大，而且速度快，仅仅依靠“目测”是无法准确评估风险的，所以，新的交通规则就必须代替“旧习惯”，成为“新习惯”。未来某一天，当汽车不仅不需要人力驾驶，而且可以在天上“飞”的时候，城市交通就会从平面变成立体、从人工变为人工智能，“红灯停，绿灯行”的老习惯显然也就过时了。

这些变化对于数学学习，是具有重要启发意义的。过去的习惯总是有它的“合理性”，它总是当时的人类在特定生存境域中的“最优抉择”；但是，突破和超越“旧习惯”也同样是人之所以为人的“最优抉择”。在农业时代，普通人的日常生活并不需要太多的数学知识，学会珠算，就能成为账房先生，基本上也就一生衣食无忧了。数学知识由于远离普通大众，使得它享有了某种“仙气”，学习并拥有一点儿数学知识，已经是非常难能可贵的事了，谁会没事找事地追问“为什么要这样做”的问题呢？不追问这样的问题，又怎么可能追问“1、2、3或点、线、面的本质是什么”的问题呢？这显然已经远远超出了那个时代绝大多数人的认知和思考范围了。

在工业时代，特别是欧洲文艺复兴之后的时代，科学知识一夜之间如雨后春笋一般疯狂地拔节生长，过去拥有娴熟的农业技艺而没有“书本知识”的人成了“文盲”，工厂和工业取代了土地和农业，流水线追求的不再是悠闲的田园牧歌，而是高效准确的技术操作。课本上的知识，特别是程序性的操作知识，在人类历史上第一次显现出了强大的价值。人类的天赋在于，一旦他开始聚焦“怎么做”的程序，也就必然同步开始思考“为什么要这么做”的理由，因为，这样的思考势必会调整和改善程序，从而使其更为科学和高效。不过，当人类仅仅聚焦于“科学”和“高效”时，它仍然与“1、2、3或点、线、面的本质是什么”这样的问题处于绝缘的状态，因为思考这些本质性的问题，不仅不能马上带来“科学”和“高效”，而且会直接导致“相反的方向”——陷入虚幻的、不切实际的空想之中。

不过，随着两次世界大战、法西斯主义、核弹威胁、科学技术对自然环境的“杀戮”等问题的涌现，人类的良知终于开始反省：科学与高效真的是至高无上的原理和法则吗？科学知识的量的积累真的是第一位的吗？当人类在科学与技术的大道上狂飙时，人类又该怎样认识和安放自己的灵魂呢？我们活着或者生命的意义到底是什么呢？我们该以怎样的姿态，去面对那个人人都无法回避的终结死亡呢……

其实，只要人类不再把知识的“量”作为唯一追求的目标，就必然会思及知识的“质”。以历史的视角来看，这必然会涉及唯物主义与唯心主义、经验论与唯理论的问题，如果直接跨过这些历史的“沟沟坎坎”，就必然会聚焦：数学是怎样被人类发明、创造出来的呢？这就是当前西方发达国家基于后现代课程观的数学教育的最新的哲学思考。那么，我们是否也需要同步聚焦这个教育难题呢？的确，与西方发达国家相比，我们很难清晰地界定我们当下所生活的这个时代，它几乎是一个由前工业时代（农业）、工业时代和后工业时代共同构成的“混合时代”。但是，你，我，他，成人，以及儿童，无论是谁，大家都必须走向未来，所以，一切值得思考的问题，我们也都必须勇敢地去面对！

第二节 数学知识是客观存在的吗?

“数学是什么”的问题实在太过复杂，至今仍然众说纷纭，莫衷一是。“常识”认为“数学是研究数量关系和空间形式的科学”，在基础教育阶段，这似乎已是“定论”。“数量关系”对应着小学的算术和中学的代数，无非是加减乘除、乘方、开方及四则混合运算、方程、不等式、函数、微积分初步，而“空间形式”则主要对应着整个欧几里得几何，在高中阶段的解析几何和向量初步中，开始强调“数”与“形”的结合（这种说法的局限性，此处暂不讨论）。

但问题是，“数量关系和空间形式”是从哪里“冒”出来的呢？它是本来就隐藏在客观世界中，等待着人们去不断地发现它呢？还是本来什么也没有，是被历史上那些最伟大的数学家，待在一个与世隔绝的空屋子里“无中生有”创造发明出来的呢？如果它本来就存在于客观世界或者教材和数学书籍之中，那么，父母能否像倒一杯水一样，把数学知识轻松地“倒”进儿童的大脑里呢？很显然，有很多人虽然坚信数学知识就隐藏在客观世界中，并试图寻找最有效的“灌输方法”，但是他们的努力却往往会导致悲剧的发生。在应试教育的时代，大量的事实表明，“灌输与倾倒”的做法并不可靠，不仅效率不高、效果不佳，甚至会对学习者的身体和心灵造成严重伤害！

那么，数学知识是纯粹的主观创造之物吗？如果没有父母的早期陪伴和教育，没有幼儿老师的启发和引导，也没有任何数学书籍可供阅读……就仿佛儿童的生活完全跟数学绝缘，那么，儿童可以独立创造发明最简单的十以内的加法运算吗？无数的证据表明，这一切都是不可能的！今天，虽然越来越多的人相信，儿童天生就是一个发明者和创造者，但是，儿童只有在最适宜的教育环境中，才能创造数学、发明数学，一旦成长环境不良或恶化，不仅是数学，他们的整体智能发展，也往往会全面落后于正常成长环境中的儿童，极端情况下甚至会出现“狼孩儿”！

或者，数学既不是完全源于客观世界，也不是完全源于人类的创造发明，而是人类（主观）与客观世界交互作用的“产物”呢？从人类学习数学所面临的疑惑和困难来看，“主观和客观交互”也许是一个不错的“答案”。但是，主观和客观交互又是什么意思？谁能像剥洋葱一样，将它清清楚楚地展示出来吗？而且，儿童自诞生起，就总是以“主体”的身份与“客体”（外部客观世界）处于交互式的互动之中，互动的结果总会有“产物”，那么，从0岁到18岁，每一年的“产物”难道是完全一样的吗？如果不一样，那么，这些诞生于不同年龄阶段的“产物”之间，是否具有某种关系呢？

总之，关于“数学是什么”的问题，仅仅给出一个静态的答案是毫无用处的，关键是这个“什么”是怎么来的，不能澄清这一点，所有的讨论都不过是无根的浮萍、虚妄的闲谈，或者是机械僵化的教条，或者是专横粗暴的独断。

人们通常认为，初级数学知识源于客观世界，并以技术的形态（计数、测量等）改善人类的生存环境、提高人类的生活水平。但是，数学体系一旦独立，它又可以不受外部世界的影响，而依靠自身逻辑继续发展（如非欧几何、虚数、群论等）；同时，这些新观念又会回归或反向作用于现实世界，在试图改造客观世界的时候，也同时接受客观世界的检验，并从中汲取继续发展的动力和营养。

不过，我们仍然要持续追问的是：初级数学知识源于客观世界的“源于”，到底是什么意思呢？难道是说初级数学知识就“隐藏”在客观世界中，我们的先民是拿着“显微镜”或者“放大镜”或者“洛阳铲”从“故纸堆”中找到的吗？即便是最简单的阿拉伯数字或者直线观念，也没有任何证据表明，是人类最初的数学家或哲学家“发现”的，而不是“创造”的！所以，我们也许只能说，客观世界是数学观念的必要条件，而不是充分条件，这就好比一粒种子，土壤、空气、阳光和水等是其生长的必要条件，但是，种子最后是长成一株小草，还是一

棵参天大树，只能由种子自身来决定——高大的橡树只能出自橡仁儿，而纯洁的荷花只能出自莲种！

问题是：对于数学观念的诞生而言，“客观世界”又是什么意思呢？山川河流，森林草原吗？不是的，这里提及的“客观世界”，并不是通常所说的纯粹物理学意义上的“客观自然世界”，而是人类生活一刻也无法离开的生活世界。在这个活泼泼的生活世界中，远古人类最初的认知活动，就表现为主客交互的、外显的动作。在漫长的社会实践活动中，那些最初的“数学家”，将自己原本只是外在的动作慢慢地抽象化了，于是，最初的数学观念也就被创造和发明出来了！比如说，欧几里得几何中的“平面”，这个几何观念是怎么创造出来的呢？今天的中学生甚至一些小学生都知道，平面是无厚度的，可以向四周无限延伸……这一平面的本质，今天的中学生完全可以通过纯粹的想象准确地加以理解。

但是，千万年前的人类祖先，又是如何获得“平面”观念的呢？我们可以“想象”一下几何学的起源，人类最初生活在一个由各种客观物体所组成的世界中，他们首先认识到，每一个物体都占有一定的空间，具有一定的空间形态，这当然是显而易见的事实。根据生活实践的需要，有一些特殊的形态被突显出来，而且一些特别优越的形态会被“制作”出来。比如：一个人在森林中打猎或者在田野中耕种，他累了，想找一个地方休息一下，他还根本没有“平面”的观念，但是，他会整理一小块“平”的地方，然后躺下来休息，因为，“平的地方”会让他感觉更加舒服一些。慢慢地，他会渴望造一个“床”，于是他产生了“平面的意识”，这就是马克思认为的人之为人的“分水岭”，最聪明的蜜蜂也比不上一个普通的木匠，因为木匠在正式建造一个房子之前，已经在他的脑海中，有意识地造好了这个房子，而即便最聪明的蜜蜂也做不到这一点！

当人类想要制造一张“床”的时候，“面的形态”（还不是我们今天所知道的欧几里得几何意义上的“平面”）就会进入他内在的意识领域。在意识领域中，他完全可以不去真实地建造，而只是去“尽情地想象”，每一个想象的结果，就是一个“观念”，早期的哲学家（几何学家）也就这样诞生了。他们是人类历史上第一批拥有“理论生活”的人，在纯粹想象中，完成了关于“平面”观念的构造，获得了关于“平面”的本质理解。欧几里得正是在此基础上以严格的逻辑原则，建立了各观念之间的关系，创立了欧几里得几何学。

肯定有人会接着追问：以上过程是历史上真实发生的呢，还是纯属一种毫无根据的臆测呢？有什么证据表明原始先民就是如此生活的呢？庆幸的是，我们今天已经可以清醒地认识到：数学研究并不等同于考古工作，逻辑性而非历史真实性，才是数学最重要的特征。20世纪以来，认知心理学的研究进展已经表明，一个儿童的观念建构历程，与历史上数学观念的建构历程，具有某种程度上的相似性。

在最初的原始先民和3岁儿童的眼里，“直线”可能就是一根具体的长木棍；在次后的先民和7岁儿童的心里，“直线”可以用木棍画在沙滩上或者用油笔、直尺画在泥板或纸张上；而对于欧几里得和十二三岁的儿童来说，没有粗细、向两端无限延长的直线观念，可以清楚明白地被解释、被理解。也就是说，一个儿童的直线观念，并不是一次性构造完成的，而是不断发生、发展，直至最终成熟、完善的。

再比如，我们可以通过实验，清晰地观察到儿童建构“圆”观念的基本过程。例如，就“圆观念”而言，两岁左右的儿童能“分辨”红色的圆和白色的圆，不过，他们分辨的其实是颜色，而不是形状。3岁左右的儿童能够“识别”什么样的图形是“圆”，也就是说，他们能够按照物体的形状（常见的）对物体进行简单分类。但是，如果你让他们在纸上画一个“圆”，他们一般会画成“椭圆”，并确信自己画的就是“圆”。实际上，只要是封闭图形，他们画出来的图形，基本上都是类似的。4岁多的儿童不仅可以识别圆形，而且可以在纸上画出比较标准的圆，当然，“圆”只是作为一个整体性的图形被他们所认知，他们还不能识别圆的局部的几何特征（圆心、半径等）。5岁多的儿童可以用某种材料（棋子）自己动手构造一个“圆”，圆心和半径还没有作为一个主题凸显出来，所以，他们还不会产生对圆的局部特征进行命名的“愿望”，但是，在操作过程中，儿童已经在“应用”这些“概念”了。

在漫长的具体运算阶段，儿童学会了对圆心、半径的命名，以及

对周长和面积的测量与计算。初中阶段，学生学习了很多有关圆的知识，但是，最重要的无疑是圆的“科学概念”（到定点的距离等于定长的点的集合）。而到了高中，圆则意味着与一个代数方程 $x^2+y^2=R^2$ 之间建立了一一对应关系，而且，学生还可以通过代数方程，去研究关于圆的几何性质。这些性质往往隐藏于某个运动变化的过程之中，所以，他们会建构新的“圆观念”，即：到定点的距离等于定长（非零）的动点的轨迹……再往后，“圆”就会跑出纯粹数学的范畴，圆满，圆滑，内方外圆……“圆”拥有了某些文化的意味。

综上所述，我们可以清晰地发现，不同年龄阶段的儿童，创造发明的“圆”是完全不同的。难道只有“圆”是这个样子的吗？不，几乎所有的数学观念都具有这种生长性，它们就像是一株会生长的树苗，最初只是一粒小小的种子，在园丁精心的照料下，慢慢地破土萌芽，再生干抽枝，最后，向着天空绽放出一朵花来……数学观念，就是这么神奇，它正是在主观和客观交互的作用下，一步一步长大的！

为了跟传统的数学教育观念加以区别，我们把这种新观点命名为：数学观念发生学，简称“数学发生学”。一旦拥有了数学发生学的视野，幼儿父母或老师就会迅速意识到：数学不再是传统的“冰美人”，由不打丝毫折扣的加减乘除运算和形式完美的定义、定理、公理、公式等精心打扮，然后像公主一样高傲地待字闺中。数学是有生命的有机体。在岁月中，儿童会慢慢生长，数学也会伴随着儿童一起活泼泼地生长呢！

所以，如果你想教会一个 5 岁左右的儿童学会加法运算，你就应该提前了解，加法运算的源头在哪里呢？如果加法运算的源头在于“分类游戏”——儿童对不同颜色或者不同形状的物体进行分类，以及“排序游戏”——儿童对不同长度的木棍进行排序，那么，在儿童 3 岁左右时，你就需要陪着他一起兴致勃勃地进行分类游戏和排序游戏了，这其实就是在引导儿童以适合他们天性的方式“学习”加法——也许不应该称作“学习”，因为纯粹就是“玩儿”，是母子或父子之间的游戏，最重要的是好玩，是乐在其中，乐此不疲！等到儿童长到 6 岁左右，你会惊奇地发现，你的宝贝已经可以非常熟练地进行加法运算了，仿佛根本就没有人教过他，他完全是自己发明创造了加法似的！这一切是多么神奇啊！

对于基础数学教育而言，我们需要共同面对的最核心的问题就是：如何引导儿童发明数学、创造数学。不过，在追问这个核心问题之前，我们需要先行追问：远古人类是如何“创造数学、发明数学”的呢？因为，我们总是从远古走来，并且必将成为未来的远古。

第三节　远古人类怎样“创造数学，发明数学”呢？

我常常思考：远古人类是怎样创造数学、发明数学的呢？这的确是一个非常迷人的问题，因为，一方面，我们都是从远古走来的（依进化论的说法，今天的人类由远古人类进化而来），我们的基因与远古人类的基因有着某种隐秘的关联；另一方面，我们所生活的时代与远古人类的时代显然有着天壤之别，他们几乎被纯粹的自然世界所包围，而文化符号系统却几乎是一片空白，我们（特别是都市中的居民）却时时刻刻都被各种或隐或显的文化符号系统所包围、缠绕和控制，而对自然世界的陌生感却与日俱增。

理论上，我们完全可以做一个大胆的假设，即：把当下一切可以影响我们的文化符号系统（各种习俗、规则、信念、教材，包括各种书籍等）全部装进一个“魔箱”，并打蜡密封，置于一个谁也无法找到的隐秘之地，总之，就是让当下的文化系统——我们拥有而远古人类却不曾拥有——对我们而言是完全无效的，我们“真实”地生活在一个部落中，用最真切、最直接的方式与自然世界和部落中相依为命的伙伴们生活在一起，在漫长的岁月中，为了更好地生存，“我们”创造着数学，发明着数学……这一切当然都不是真的，不过，它也许比“真的”更好玩，它是一场充满想象力的旅程，是纯粹智者的游戏……好吧，让我们开始吧——

大约在三十万年以前，“我们”的部落生活在一个不知名的洞穴之中。为了打到更多的猎物和收集到更多可以果腹的野果，“我们”学会了制作简易的工具；为了抵御漫长的黑夜和各种野兽的威胁，“我们”学会了燧石取火……不过，学会区分数量的“多”与“少”是一个漫长而艰辛的过程。有一次，部落集体外出狩猎，太阳下山了，当大家准备回到洞穴时，有人看见有五只狮子闯进了“我们的家”，所有人都躲了起来，狮子没有找到猎物就准备撤离了，先出来了一只狮子，然后是两只、三只，所有人都仍然躲着，因为还有狮子没有出来。当第四只狮子出来之后，有几个人跳了出来，往洞穴中走去……结果可想而知！

也就是说，在早期部落生活中，那些不能区分数量多与少的“人”都很快死掉了，幸存下来的都是最早的“数学天才”，而且，他们的后代也通过基因遗传，获得了这种“天分”。不过，最初的时候，“我们”能够区分的数量不能超过十个，这没有什么其他原因，也许仅仅因为大家只有十个手指，“我们”习惯于“掰手指计数”，一旦物体超过手指的数量，“我们”也就没办法了。

“我们”之所以暂时还不急于发明新的计数方法，是因为有时并不需要确切地知道事物的具体数量，例如：“我们”最初学会牧羊的时候，羊群的数量很大，但是，“我们”并不关心具体有多少只羊，而只关心太阳升起时放出去的羊，在太阳落山时是否全都回来了。所以，“我们”就准备一堆小石子放在“羊圈”门口的右侧，每天早上，出来一只羊，“我们”就拿一粒小石子放在门口的左边；到了晚上，吃饱了的羊全都回来了，每进圈一只羊，“我们”就拿一粒小石子放回到右边，如果左边的石子全都被拿光了，就说明羊全都回来了，否则就说明有些羊走失了，或者被其他野兽吃掉了。是的，那段时期，“羊有没有全都回来”是一个更加重要的问题，“到底有多少只羊”反倒次要一些，所以，“我们”首先发明了“一一对应”的“前计数”方法。不过，随着部落人口的增加，分工协作、猎物和粮食的清点等越来越复杂的问题，都对计数提出了更高的要求，“我们”需要继续往前走！

终于，在一个看似平常的晚上，部落的收获非常丰厚，可是，暂时吃不完的猎物不能全部留给首领啊（因为首领也吃不完，猎物很快就会腐烂变质），如果要把剩余的猎物分给大家，就需要知道“猎物的多少”，这可真把大家为难坏了！正当大家一筹莫展的时候，最聪明的首领发话了：我今天正好带回了一根长长的葛藤，本想用它做一条牧羊的鞭子，不过，我现在突然有了一个新想法。我们数一个猎物，就在葛藤上打一个结，最后，结的数量就正好是猎物的数量！想不到吧，“我们”就是这样学会了“结绳计数”的。

再后来，需要计数的东西越来越多，需要大量的葛藤或者草绳。有时候，准备足够多的葛藤或草绳既不方便也无可能，这就“迫使”我们“发明”了更好的办法：同时悬挂好几根草绳，第一根草绳上的一个“结”表示“1 个一”；攒够了“10 个一”之后，就把第一根草绳上的“结”解开，而在第二根草绳上打一个“结”，表示“1 个十”；攒够了“10 个十”之后，就把第二根草绳上的“结”解开，而在第三根草绳上打一个“结”，表示“1 个百”（图 5-1）……如此一来，“我们”就创造发明了“十进制”和“位值制”。

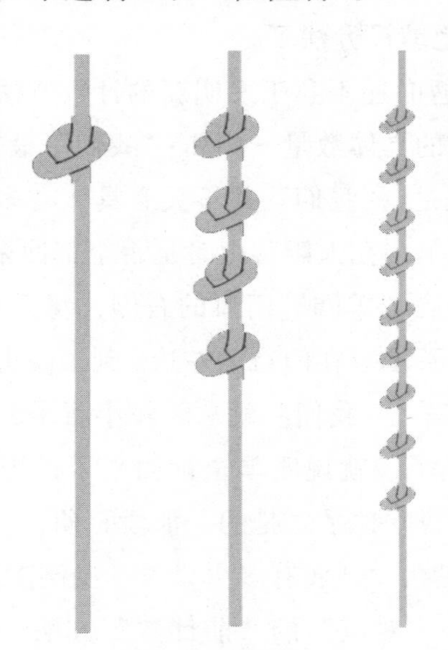

图 5-1　结绳计数

类似的，我们可以再想象一下几何学的起源问题。今天的现代人学习欧几里得几何时，没有大小的“点”，没有粗细、可以向两端无限

延伸的“直线”，没有厚薄、可以向四周无限延伸的“平面”，等等，都是无须证明的“自明之理”，但是，对于生活在几千甚至几万年以前的远古人类来说，这些“理”是怎样被创造出来的呢？又为何具有“自明”之性呢？在本章第二节中，我已经较为详细地论述了远古人类创造发明“平面”的过程，的确，“我们”完全可以在纯粹想象中，构造完成点、线、面等具有公理特性的欧几里得几何的“最初定义”。

历史的“真相”也许是：“我们”在发明十进制计数法和点、线、面等欧几里得几何“最初定义”的同时，也几乎同步创造了有关数的“运算”，以及在实际生产生活中的制作和测量“几何学”。不过，在今天的人看来，这些功劳几乎都归到毕达哥拉斯（们）和欧几里得（们）的身上。现代人之所以这么做，倒不是因为什么“历史真相”，而是源于现代人稀奇古怪的秉性：既狂妄又自卑。一方面，宣告西方文明的源头是古希腊文明，算起来已有两千多年；而在中国，一般认为“文明”的年头几乎与西方相当，至于“三皇五帝”，几乎被视为荒诞离奇的神话故事。但是，另一方面，不懂欧几里得几何的古埃及人，到底是怎样铸造金字塔的，现代人根本搞不清楚，以至于怀疑是外星人干的，而古巴比伦文明也无非是个“传说”……

之所以出现这种现象，完全是由于现代人所拥有的非常奇葩的“考古学”视角所决定的。龟壳、青铜器、竹简、泥板……这些残存的历史边角料，几乎成为现代人“界定”文明的“唯一证据”。但是，一个显而易见的“事实”是：如果把从“在树上生活的猴子”到“文字的正式出现”这个阶段界定为第一阶段，而把从“文字出现”到当下的时代界定为第二阶段，前者无疑跨度更大，历史更悠久，而且，从思维、意识、语言和精神发展的层面讲，前者显然经历了更多波澜壮阔、惊心动魄的伟大时刻！

“史前文明”也许是个不错的提法（如果不带有歧义的话），它的确容易让人将其等同于毫无证据的东西，但是，所谓“证据”，无非是科学实证主义在文化历史学领域里的看似“合理”，实则属于“非法”的“入侵”。人类依靠对未来的想象，以及由此而生成的意义生活，这生活也许是更加真实的历史，所以，对于人类历史而言，“想象力和意义”与“考证”是完全不在同一个数量级上的概念，重视后者而无视前者，纯粹是本末倒置！

一旦我们拥有了想象力和意义的新视角，史前文明就不再是僵死的木乃伊，而是一幅活泼泼的生活画卷。现代人不可以用一种判断命题之真假的科学逻辑思维，去无端地评判它，而要用丰富的想象力和意义驱动的方式，去重新理解它、阐释它，并由此给予当代人的生存以重要的启示：人类怎样才能更好地存在于大地之上？我们今天提倡“创造数学、发明数学”的真实目的也在于此。

远古人类是依靠想象力和意义来创造数学、发明数学的，如果现代人不能放弃这种偏见——以抽象的逻辑和实证主义的考古学去衡量远古文明的偏见，就难以真正理解远古人类大发明、大创造的本质。而一个人的儿童期就相当于人类的“远古时期”，如果现代人无法理解远古人类，那么，他们也就难以真正理解儿童的生命；如果不能真正理解儿童，教育就可能丧失它的本来意义——促进儿童更好地发展与成长，相反，可能会堕落为扼杀儿童天性的“刽子手”！

第四节　今日儿童“创造数学，发明数学”的可能性

实际上，很多现代人已经失去了追问这个问题的意识和能力，在少数还能提问的人群中，多数人的答案是一致的：不可能！理由无非有以下几条：

第一，历史上，创造数学、发明数学的人都是绝对的天才，他们不仅知识渊博、才思泉涌，而且可以灵活自如地使用他们所生活的那个时代里最先进的数学工具。儿童不仅头脑中储备的知识太少，而且他们使用工具的能力也非常低下，让什么也不懂的蒙童去创造数学、发明数学，简直就是天方夜谭！

第二，数学大厦几乎已经建设完毕，该创造的已经被创造，该发明的已经被发明，不用说“挑大梁”，即便是修修补补的零碎活儿也几乎没有了。俗话说，前人栽树，后人乘凉，今天的儿童根本用不着再去“艰苦创业”，他们只需挑挑拣拣地学习一点儿足以应对日常生活的实用性数学知识就好了。

第三，数学大厦气势恢宏，不仅体量庞大，而且难度吓人，学海无涯，但生命有限，一个人即便废寝忘食、痴迷癫狂，也难以研透数学殿堂之一二，所以，让儿童像数学家一样去重新经历一遍创造数学、发明数学的伟大历程，时间上根本没有保障。

第四，儿童的学习受制于教材进度的安排，更受制于升学考试的压力，创造发明都是闲暇之人的事情，在当下这个一切追求效率和分数的教育系统中，让儿童去创造数学、发明数学，无疑是痴人说梦！

说实话，这些理由都很鄙陋，本不值得一一回应，但是，鉴于他们振振有词的气势，蒙蔽了不少原本纯粹真诚的人士，故略作回复如下：诸如牛顿、爱因斯坦这样的天才人物，其实也有童年，即便你不承认他们在童年时就是天才，但你也得承认他们在童年时代就有很多“天才之举”。有些人总是非常乐于编造一些心灵鸡汤型的小故事，说天才们的童年其实很傻很天真，他们之所以最终成为天才其实只是受到命运的眷顾，甚至是无法解释的灵异事件。然而，事情的真相也许并非如此。

不管是牛顿和爱因斯坦，还是凡·高和莫扎特，甚至笛卡尔和海德格尔，他们在童年时代就已经是“天才”了：他们总是痴迷于按照自己的意愿和节奏去自由地遐想、思考、制作……按照流俗的评价标准，这些表现当然“很傻很天真”（甚至很愚蠢），但是，这才是真正的“儿童式的天才之举”！如果承认这个前提，我们也许会幡然醒悟：儿童期，儿童的“天才之举”虽然与儿童自身的天赋有着隐秘的关联，但是，关键甚至决定性的因素却在于，父母和老师能否为儿童提供最肥沃的土壤和最清晰自由的空气，让儿童最初的“天才之举”茁壮成长为最终的天才；而且，“最终的天才”也仍然是“儿童式的”——痴迷于按照自己的意愿和节奏去自由地遐想、思考、制作……换句话说，就是能够以一种最富有想象力的方式，去创造生命的意义！

上面的说法，毕竟仍然会给某些人留下“煽情”的嫌疑，所以，我接下来会从数学的历史发展脉络和儿童个体建构的脉络，说明“创造数学、发明数学”的观念是真实的。

按照考古学的模糊标准，大约在250万年以前，世界是混沌一片的，还没有出现生物学意义上的“人”。距今约250万年—约1万年的漫长时期，被称为“旧石器时代”，这个时期的人类学会了就地取材，制造简单的石器工具，做打猎和采集之用。开始的时候，“人类”接触到石头，本来是无意识的，因为他们所生活的世界到处都有石头，他们只是与石头（包括其他的万物）共同生活在这个世界上。但是，在偶然间，他们发现石头可以砸开坚果，而且有锋刃的片石可以更好地截断树枝，于是，“手段”和“目的”得以分离——他们使用合适的石器砸坚果或收集树枝（而不是毫无意义地玩耍石头），人类具有了“最初的智慧”，从而从万物中“独立”出来，成为人类学意义上的“人”。

有一次，一群人外出狩猎，不巧的是，他们出门（离开晚上休息的洞穴）时，居然全都忘记携带石斧，在旷野上，他们的脑海中第一次有了石斧的形象——这是人类智力发展史上的一个“伟大的时刻”，因为，他们一旦能够脱离具体的石斧而在脑海中想象一把石斧的样子，他们就能够在想象中自由地变换石斧的样子，进而，他们就能够尝试着按照自己想象的样子，去制作他们想要的“工具”，人类也就由此进入了“新石器时代”。

新石器时代距今约1万年—约4000年，人类学会了按照自己的意愿制作陶器，以及使用石器工具发展农牧业。同时，各个部落已经创造出可以在部落内部表情达意的早期语言，从考古学家展示的早期陶器图案、崖刻、壁画中可以看到，甚至已经出现了早期的“文字”。当人类能够将音、形、义结合在一起，创造出不仅可以当下交流，而且可以永世传承的文字时，从新石器时代走过来的人类，就创造了被今人称为“文明时代”的伟大时刻！在数学方面，古希腊人创造了欧几里得几何学，中国人创造了实用数学问题大全，即《九章算术》；在科学方面，亚里士多德、阿基米德等人也创造了最初的物理学；在天文学

方面，托勒密创立了“地心说”……

“文明时代”的确群星闪耀、灿烂辉煌，但是，由于人类的认知活动依赖于感觉（特别是视觉）和日常生活经验，所以，多数知识都建立在感觉、具体的操作活动和生活经验的线性累积之上，对于视觉无法触及的、无限遥远的外太空，以及脱离经验和生活背景的、数学中的无限问题，古典文明多少有些“捉襟见肘”。从纯粹数学的发展历程来说，我倾向于把19世纪30年代，确切地讲，也就是罗巴切夫斯基于1826年正式发表“罗氏几何”（或非欧几何）的年代，作为“古典数学时期”与“现代数学时期”的分水岭。在此之前，数学知识的发展多属于“量的积累”，数学知识不管具有怎样的抽象程度，也总是可以在日常生活中找到基于经验的“对应物”，而非欧几里得几何完全是“反经验的”（例如“三角形的内角和小于或大于180度”等），在有限的生活空间中完全是不可思议的，它是数学发展史上的一场伟大的革命（质变而非量变）！

从此以后，数学几乎彻底脱离经验的“羁绊”，而完全可以根据推理的需要，建立在纯粹假设的基础之上，数学从此迈上纯粹形式化的、依据外延逻辑判断“是与非”（或“真与假”）的高速路！现代数学一旦解除了日常经验的束缚，就迅速获得了惊人的发展，大量的数学分支学科如雨后春笋般爆炸式地涌现出来，其规模和速度几乎是空前绝后的。然而，人类毕竟存在于大地之上，可以通过蹦一蹦，或者乘坐氢气球、飞机，或者其他的什么航天工具，暂时“摆脱”大地的束缚，但是，人类终究还要回到大地上栖居。所以，数学在形式逻辑的道路上狂飙突进了若干年之后，又在悄然之间发生了普通人难以觉察的“转向”——从“现代数学时期”转向“后现代数学时期”。

皮亚杰在晚年聚焦于“一种意义的逻辑”，布鲁纳在晚年强调数学学习也可以通过叙述法，聚焦于“生命意义的建构”等等，都透露着“转向”的消息。只不过这种转向目前还仅仅是暗流涌动，并没有形成显性的潮流，所以，我们还无法确定到底哪个事件可以享有现代数学与后现代数学之分水岭的殊荣。

其实，当我在描述数学发展史的时候，也是在描述一个儿童从0

岁到18岁建构数学观念的“历史”。我们知道，刚刚诞生的婴儿只拥有几项有限的先天本能，如吮吸、注视、抓握等。一开始，他就是他的全部世界，他的全部世界就是他自己，他是一个绝对的“自我中心主义者”;但是，这一切对他而言都是无意识的，他并不知道自己的“处境”。随后，他出于本能开始吮吸母乳，当解决饥饿问题成为他的“主题”时，他已经开始从基于吮吸本能而将吮吸、注视和抓握等本能性动作初步地“协调”起来，从而形成一个“吮吸的世界”。这是一个基于生物本能的、混沌一片的成长阶段，类似于“史前人类的混沌期”。

不过，即便在无意识的感知运动阶段，儿童动作的分化与整合也总是循环甚至是同步进行的。某一天，儿童会发现母亲的乳头或者装有奶水的奶嘴可以“充饥”，而其他的诸如大拇指、空奶瓶的奶嘴、脚指头或者其他的某些物体并不能解决饥饿问题时，最初的“吮吸世界”就会分化为“可吮吸世界”和“不可吮吸世界”。当他能够区分自己饥饿和不饥饿的时候，他就会在不饥饿时，好奇地注视他的周围世界，把玩他周围的物体，直到有一天，当他发现他的玩具被一块红布盖住而“不见了”的时候，他的一个完全不同于他自己的客观物体的存在意识开始萌芽。有一天，当同样的事情发生时，他不哭了，而是自己拽开红布，重新找到自己的玩具，于是，他就颇为神奇地建构生成了关于客观物体的观念，这是儿童认知发展史上的大事——从绝对的“自我中心主义者”转向“客观世界”。与此同时，当他能够通过实施某个动作，从而达到自己的目的时，手段和目的就能够得以分化，儿童的动作就不再是纯粹本能性的，而成为“智慧性的动作”。儿童的这个成长阶段，就类似于人类进化史上的“旧石器前期”。

随后，大约在2—5岁期间，儿童获得了初期绘画、游戏、模仿，特别是语言等重要的表象工具，他们可以不借助眼睛而“看到”某物，也就是在大脑中纯粹依靠想象而“看到”某物的形象，并通过模仿的方式，制作他们想要的玩具或工具；在各种游戏活动中，他们能够对给定物体进行分类，或者依据某个标准进行排序。这个阶段类似于人类进化史上的“旧石器后期”。

大约在5—8岁期间，儿童的想象力和实际动手操作能力都得到了

进一步发展。他们画月亮的时候，会给月亮加上一双翅膀，这是因为"我希望晚上月亮能够飞进我的梦里，跟我一起玩"；他们画一家人的时候，会给爸爸、妈妈和自己都添上一条漂亮的鱼尾巴，这是因为他们刚刚看过美人鱼的故事，觉得"美人鱼特别漂亮"；他们喜欢各种手工制作、陶艺、积木搭建、乐高，他们的想象力可以在这些活动中得到自由的驰骋……但是，他们画不出一只吉祥的麒麟，也画不出玉皇大帝的样子……这些现象说明，他们可以在一定程度上摆脱视觉的局限，而依据想象去描绘或创造他们想要的东西，但是，他们还不能彻底摆脱日常生活经验而进行"无中生有"式的创作。这个阶段类似于人类进化史上的"新石器前期"。

大约在 7 岁—12 岁期间，儿童不仅开始系统学习有关自然数、分数和小数的加、减、乘、除四则混合运算，而且开始学习有关长度、面积和体积的测量。但是，不管老师如何言说"逻辑推理"的严谨性和科学性，儿童事实上仍然对其知之甚少，而且，他们也几乎不能理解欧几里得所描述的点、线、面的"定义"。这是因为，他们所有的认知活动，都仍然需要暂时建立在具体操作活动和直观形象的经验之上。在代数方面，他们学习的是具体化的"算术"，而不是形式化的"代数"；在几何方面，他们学习的是物体的"物理性质"，而不是欧几里得几何图形的性质。总之，这个阶段大概类似于人类进化史上的"新石器后期"。

大约在 12—15 岁期间，儿童不仅会学习整式运算、解方程、解不等式、以牛顿经典力学为背景的函数，而且开始正式学习欧几里得几何；学生被反复告知，一定要做一个讲"理"的人。因为所有这些学习内容，都围绕着一个共同的核心观念，即"逻辑推理能力"——不管是代数运算，还是几何证明，都必须做到"步步有依据"，这难道不正是西方文明两千年以来，始终从欧几里得那里聆听到的"遵从理性"命令吗？！"逻辑推理"的确是把锋利无比的"快刀"，它可以有效帮助儿童克服视知觉和直接经验的局限，迅速走上以形式逻辑为基础的理性大道，从而极大地丰富儿童的知识数量和提升儿童的思维品质。这个阶段大概类似于人类进化史上的"经典数学时期"。

大约在15—18岁期间，学校数学教育一般仍然以逻辑推理能力为核心，不过，在这个时期，逻辑推理能力与初中会略有不同，它需要放置于“公理化系统”之中：任何一个逻辑推理系统都必须设置一个或几个“不证自明”的公理，由此出发，通过演绎推理，得到可靠的新结论。换句话说，因为所谓的“不证自明”其实是基于人类的“经验”，基于经验就难免“不可靠”，最起码它不能轻易武断地否定其他的“假设”，一旦承认了这一点，我们就可以另行设置推理的“起点”，如此一来，新的公理化系统就可能华丽地诞生。

人类历史上，正是重新设置了“平行公理”，才诞生了至少与欧几里得几何同样完备的非欧几何。这样的公理化思想，一旦在科学课程上得到应用，青少年就能从“验证性科学实验”转向“探索性科学实验”：科学假设—设计实验步骤—实验—根据实验结果证实或证伪假设……总之，在这个时期，青少年不应该被已有的常规科学或某种形式化的思维方式所桎梏，学校教育应该帮助他们理解，所有的数学和科学知识都是人类在某种假设性的“公理化系统”中进行“推演”的结果，是人类在特定历史境域中，给予某种现象的一种解释。有了这种观念，不仅不会阻碍儿童的学习，反而会极大地促进他们去创造更加丰富的数学与科学。这个阶段大概类似于人类进化史上的“现代数学时期”。

18岁以后，特别是在18—22岁的大学期间，正如哲学家怀特海所言：“大学存在的理由是，它使青年人和老年人融为一体，对知识进行充满想象力的探索，从而在知识和追求生命的热情之间架起一座桥梁。”他还说：“大学确实传授知识，但它必须以充满想象力的方式传授知识。”是的，对于大学生而言，相对于学习具体的知识，他们更应该围绕在伟大事物的周围，以自由的、富有想象力的方式建构科学和自身生命存在的意义。不是逻辑不再重要，而是它应该退隐为工具，年轻人的生命应该以意义为焦点、为始终！这个阶段大概类似于人类进化史上至今仅仅微露端倪的“后现代数学时期”。

以上论述基本可以说明，数学的“历史发生学”与“个体发生学”具有大致相同的“结构”。这个结论给予我们的启发是：既然历史上的

数学家可以在特定的境域中创造数学、发明数学，那么，今天的儿童也完全可以在适宜的情境中，像数学家一样创造数学、发明数学。问题是，对于今天的父母和老师来说，到底该怎么做呢？

今天这个时代，不管是物质生活资料，还是由符号系统所构成的文化资源，不可谓不富足。但是，正如狄更斯所言：这是最好的时代，也是最坏的时代。“最好”是显而易见的：人类不仅基本摆脱了物质生存的困境，而且在数学文化的超市中，商品如此琳琅满目，令人目不暇接。“最坏”当然也是显而易见的：过度的物质享乐会染上各种各样的“富贵病”，而如果仅仅是把数学知识当作“某种物质”，直接灌输给儿童的话，儿童即便不会被“撑死”，也肯定会患上严重的“厌食症”！

不过，值得庆幸的是，“最好”还有另外一种解释：就像建造一座摩天大楼需要脚手架一样，如果我们把前人已经创造出来的数学知识，以及具有较高数学素养的父母和老师，都当作是儿童建构数学知识的“支架”，我们就能够为儿童创造数学、发明数学提供更加“肥沃的土壤”和更具有促进性的成长环境，儿童因此就可以更加顺畅地创造数学、发明数学！

然而，为儿童创造数学、发明数学搭建“支架”，实在不是一件容易的事情。这里至少涉及两个极其重要的问题：第一，我们到底该如何认识和理解儿童的生命呢？第二，儿童“创造和发明”的本质到底是什么？长久以来，这些问题被习惯、传统和世俗言论所遮蔽，普通人根本难以触及问题的本质，但是，恰恰是这些“普通人”——父母和老师——需要承担起为儿童创造数学、发明数学搭建“支架”的责任和使命！

我首先尝试着回答第一个问题。婴儿一旦降生，就总是诞生在一个由历史文化符号系统所构成的社会性情境之中，这是显而易见的事实。但是，对这种“社会性情境”的意识是成人的，而不是儿童的。对于刚刚诞生的婴儿来说，这个“完美”的符号化世界其实只是一个完全陌生的、碎片化的、缺乏最基本的统一性的“魔幻世界”。与其他一切哺乳动物相比，人类新生儿的“早产”程度几乎是不可思议的，放在“丛林法则”支配下的客观自然世界里，人类新生儿的成活率几乎为零！然而，人类却最终站在了宇宙进化的“最顶端”，堪称最伟大的生命进化奇迹！到底是什么原因，促成了这种生命奇迹的诞生呢？这是因为：人类既拥有一切生物得以延续的稳定的遗传特性——总是可以把最优秀的基因遗传给下一代，又具有其他任何生物都不具有的、最为独特的“文化属性”。

从进化论的角度讲，物竞天择，适者生存，任何物种都需要在生存环境中培育一套相应的生存能力。一个物种，如果它的先天本能比较强大，而客观的生存环境又不太恶劣，那么，它们依靠本能和后天发展的有限能力就可以很好地生存了；但是反过来，如果一个物种先天本能不够强大，而它需要面临的生存环境又极其复杂，那么，它就需要在与环境的互动中不断超越本能、发展出更为强大的能力以适应生存。

与其他哺乳动物相比，婴儿不仅在先天的生物性本能力量上非常非常弱小，而且后天面临的生存环境又极其复杂，更在情感、精神和生命意义层面拥有比其他任何物种都更高的需求。单看这两点，就必须承认：人类的存在，简直比“上青天”还要“难”！但是，如果换一个视角，我们却又惊喜地发现，本能力量的弱小，正好可以使人类不必对生命本能产生过度的依赖，从而可以更好地摆脱本能对于生命发展的束缚和控制；同时，正是由于人类具有层层拔高的内在需求（特别是精神层面的需求），才使得人类从自己的灵魂深处持续地爆发出不可抑制的、强大的成长能量！

所以，婴儿天生的不足和弱小，却幸运地使得他们天然地拥有了其他任何物种都难以企及的成长与发展的可能性和原动力！一方面，婴儿可以在父母亲友的呵护下，得以度过漫长且危险的婴儿期，确保物质身体得以健康茁壮地成长；另一方面，通过文化和教育的协助，儿童的情感、意志、认知、智能等综合能力与素养可以得到持续快速的提升和飞跃。一头 18 岁的亚洲象与刚出生的小象相比，智力上的差异是微不足道的，但是，一个 18 岁的青年与他自己刚刚诞生时的情形相比，智力上的差异岂是一个“天差地别”所能形容的！是的，儿童的生命是最为奇特的，套用狄更斯的句式就是：这是“最差”的生命，却也是“最好”的生命！

第二个问题在今天这个时代也充满了歧义。人们熟知的创造和发明都是伟大人物在成年之后的创举，一个身体和智力都不成熟的儿童，怎么可能“创造数学、发明数学”呢？提问者是“无辜”的，因为，是我们自己重新界定了创造和发明的含义。

首先，创造和发明意味着已有的数学观念在人为创设的情境中，得以“重新涌现和复活”。从历史发生学的角度讲，所有最初的数学观念都是伟大的命名和创造，但是，它们一旦被创造出来之后，就可能在悠长的历史风尘中，于泥板、龟壳、竹简、草纸等“故纸堆”中隐匿、沉沦，最初涌现时的真理性的光辉，已难觅踪迹。真正杰出的教学（包括学前），就是通过人为创设的情境和热烈而深刻的对话，让那些曾经辉煌的数学观念，得以重新涌现和复活。

从儿童的角度讲，这种涌现和复活，就仿佛是他们自己的发明和创造！例如，远古的结绳计数和近代的微积分（这样的例子不胜枚举）等，无一不是人类伟大的发明和创造。人类的远祖最初只是依靠本能，可以定性地区分“多”与“少”。但是，人类的力量实在弱小，若想在残酷的自然界和部落争斗中赢得一线存活之机，他们就必须懂得“合作”，而合作的前提，就是建立相对公平的“分配猎物的规则”，于是，“准确地计数”就变得非常急切和必须了。“结绳计数”就是在关乎整个部落生死存亡的重大历史时刻诞生的，这种诞生就是远古先民在特定的境域中，调动起全部生命潜能的、超越式的、伟大的发明和创造！

在近代数理发展史上，正是当整个数学界遭遇到形如鬼魅的“无穷小量”的冲击，辉煌的数学大厦面临着“矗立于流沙之上”的历史性危机（史称“第二次数学危机”，因为崇尚理性的人类视数学为一切科学的基础，所以这次危机几乎波及整个科学界），大数学家柯西站在牛顿和莱布尼兹的肩膀上创造了“极限理论”，从而化解了这次危机！

今天的数学课堂肯定没有办法“原样重现”历史上的“重大时刻”，但是，我们可以通过模拟情景创设、巧妙的问题设计、鼓励学生挑战权威等，营造“危机时刻”，造成强烈的认知冲突，激发儿童调动全部的生命潜能，“重新命名”新观念，让数学观念得以精彩地诞生。这种诞生，既是沉睡于教科书中的数学观念自身得以涌现和复活，同时也意味着儿童自己发明了新观念、创造了新观念！

其次，与传统教育的理解不同，在我们看来，任何一个数学观念的创造和发明都绝不是一次成型的，它是一个“从种子到大树”的生长历程。例如，我们在第一章谈到的“圆”，不同年龄的儿童，建构生成的是完全不同的“圆观念”，而这种“不同”又是极其独特的，体现了儿童在心理发生学意义上的生长性和创造性。所以，评价一个儿童能否创造数学、发明数学的“标准”，绝不是外在的、客观的、静态的，它必须以儿童内在的认知结构的发展和成长为标准。对于儿童来说，每个年龄阶段形成的“不同的”数学观念，只要不是父母和老师强行灌输的结果，而是他们自己在内外交互的作用下建构生成的，就是真正的创造和发明！

最后，从个体发生学的角度讲，所谓“发明和创造”绝对不是极端唯理论意义上的、认知主体（儿童）基于自身的、纯粹的“无中生有”，而是复杂的、内外交互的结果。儿童最初就好比是一粒种子，一旦离开土壤水分、阳光雨露、农人的照料与守望等，是根本无法存活的！但是，一粒种子最后是长成一株小草，还是一棵参天大树，只能由种子自身来决定——高大的橡树只能出自橡仁儿，而纯洁的荷花只能出自莲种！所谓儿童发明数学、创造数学，就类似于一粒种子在客观条件下，依据自身的天性，自由地拔节和生长！

我们坚信每个儿童都能够“创造数学、发明数学”，正是基于以上的考量。我们的“信”，肯定是热烈的、有温度的，但是，它更是基于理性思考的结果，而不是纯粹非理性的一时冲动的产物。